"十三五"国家重点图书出版规划

新型职业农民书架　技走四方系列

一本书明白

猪病防治

吴家强　主编

山东科学技术出版社　山西科学技术出版社　中原农民出版社
江西科学技术出版社　安徽科学技术出版社　河北科学技术出版社
陕西科学技术出版社　湖北科学技术出版社　湖南科学技术出版社

山东科学技术出版社
www.lkj.com.cn

联合出版

图书在版编目（CIP）数据

一本书明白猪病防治/吴家强主编. —济南:山东科学技术出版社,2018.1
ISBN 978-7-5331-9184-9

Ⅰ.①一… Ⅱ.①吴… Ⅲ.①猪病—防治 Ⅳ.①S858.28

中国版本图书馆CIP数据核字(2017)第303874号

一本书明白猪病防治

吴家强　主编

主管单位:山东出版传媒股份有限公司
出 版 者:山东科学技术出版社
地址:济南市玉函路16号
邮编:250002　电话:(0531)82098088
网址:www.lkj.com.cn
电子邮件:sdkj@sdpress.com.cn
发 行 者:山东科学技术出版社
地址:济南市玉函路16号
邮编:250002　电话:(0531)82098071
印 刷 者:济南继东彩艺印刷有限公司
地址:济南市二环西路11666号
邮编:250022　电话:(0531)87160055

开本: 787mm×1092mm　1/16
印张: 7.5
字数: 119千
印数: 1-3000
版次: 2018年1月第1版　2018年1月第1次印刷

ISBN 978-7-5331-9184-9
定价:36.00元

主编 吴家强

编者 郭立辉 任素芳 张 莉 王 琳

杨建荣 唐仲明 郑 军

目　录

单元一 猪病防控策略

单元提示

1. 猪病流行特点
2. 猪病流行病因分析
3. 猪病防控工作的建议
4. “全进全出”饲养模式

一、猪病流行特点

近年来，随着生猪集约化规模化养殖的发展，猪苗、生猪引种及其他产品流通渠道增多，有的猪场污染严重，外购猪源没有经过严格检疫，致使猪传染病时常发生。猪病大都病情复杂，呈混合感染，给防治工作造成极大困难。

（一）猪高热病危害严重

确切地讲，猪高热病并不是特指一种具体疾病，而是以发热为主的一类疾病的统称。病猪食欲减退或废绝，体温达 41 ~ 42℃，皮肤发红，鼻镜干燥，粪便干硬，尿液呈深黄色，甚至棕色。引起猪高热病的病原一直存在很大争议，不同地区的病原分离情况不尽相同，甚至差异很大。山东省动物疫病防治与繁育重点实验室从全国地区收集了641例猪高热病病例，采用聚合酶链反应（PCR）、酶联免疫吸附试验（ELISA）、荧光抗体技术（IFA）、病原分离等技术手段对病原进行了鉴定和确诊（表1）。

表1　　2007～2009年猪高热病病原检测汇总

疾病类别	份数	比例
蓝耳病	232	36.2%
猪瘟	70	10.9%
圆环病毒2型	46	7.2%
蓝耳病+圆环病毒2型	131	20.4%
蓝耳病+副猪嗜血杆菌	47	7.3%
蓝耳病+链球菌病	36	5.6%
蓝耳病+圆环病毒Z型+副猪嗜血杆菌	32	5.0%
其他（伪狂犬病、附红细胞体等）	47	7.3%
合计（其中蓝耳病占74.5%）	641份病料	100%

目前猪高热病的病原非常复杂，有的病例是由病毒引起（如猪蓝耳病病毒、猪瘟病毒、猪圆环病毒2型、伪狂犬病毒等），有的病例是由细菌引起（如副猪嗜血杆菌、

猪链球菌等），有的病例是由其他因素引起（如附红细胞体）。临床上大部分猪高热病病例是由多种病原混合感染造成的，包括病毒—病毒之间、病毒—细菌之间的二重感染，甚至病毒—病毒—细菌之间的三重感染。值得注意的是，在统计的猪高热病病例中，猪蓝耳病单纯感染和混合感染的病例占74.5%。建议规模化养猪场应该高度重视猪蓝耳病，将猪蓝耳病纳入综合防控猪高热病的系统范畴。

（二）猪呼吸道疾病发病率明显上升

近年来，大部分猪发病或死亡病例的肺脏存在出血、肉变、坏死、纤维素性渗出等病理变化。猪呼吸道疾病的发病率和死亡率呈明显的上升趋势，病猪表现咳嗽、气喘、打喷嚏、呼吸困难、生长缓慢、饲料报酬率降低等，现在已经成为许多规模化猪场比较棘手的问题之一。对发病猪进行病原学检测发现，副猪嗜血杆菌病、猪传染性胸膜肺炎、猪萎缩性鼻炎、气喘病、猪链球菌病、猪蓝耳病、猪圆环病毒感染、猪流感等都有呼吸道症状。各年龄猪群均有发生，发病率达20%～60%，死亡率10%～20%，淘汰率达10%～30%。

> **提示** 防治猪呼吸道疾病，首先要改善饲养环境，适当减少饲养密度，注意通风换气；根据当地病原的血清型和基因型，选择高效疫苗进行免疫接种，大规模猪场也可考虑制作高效自家疫苗使用；根据猪场及周边地区疫情发展变化，定期在饲料中添加高效药物。

推荐配方（每500千克饲料中添加）：土霉素1 000克，泰乐菌素150克，金霉素500克，主要添加于育肥猪饲料中；替米考星150克，氟苯尼考200克，主要添加于保育猪饲料中，对防治副猪嗜血杆菌病有良好效果；支原净100克，强力霉素150克，对防治气喘病、萎缩性鼻炎、附红细胞体病等有较好疗效。

（三）母猪繁殖障碍问题突出

据统计，我国平均每头母猪每年生产13～15头仔猪，而在养猪业比较发达的国家则高达22～23头仔猪。排除环境和营养因素，猪瘟、猪蓝耳病、猪细小病毒病、流行性乙型脑炎、猪伪狂犬病、猪衣原体感染等均可导致母猪繁殖障碍，表现返情、流产、死胎、木乃伊胎等症状。猪蓝耳病主要引起早产，并伴有呼吸道症状；猪伪狂犬病主要导致死胎，新生仔猪伴有神经和腹泻等症状；猪流行性乙型脑炎可导致死胎，部分仔猪脑腔积水，即所谓的“水脑”；猪细小病毒感染可导致母猪产下大小不等的木乃伊胎，以头胎母猪最易感；猪瘟可导致母猪在各个时期出现木乃伊胎，剖检能够发现仔猪的肾脏、膀胱、淋巴结有点状出血。以上临床症状只供参考，确诊还需进行实验室检测。

（四）猪传染性腹泻病时有发生

仔猪黄白痢、仔猪红痢、猪瘟、猪传染性胃肠炎、猪流行性腹泻、寄生虫病等都能发生腹泻。猪传染性腹泻病的流行和传播，不仅导致饲料报酬率降低，而且能够引起仔猪脱水死亡，给猪场造成很大经济损失。引起腹泻病的大多是条件性致病原，如大肠杆菌。仔猪体内本身就携带，条件性致病原在正常情况下不发病，与动物机体能够达成平衡状态，即机体不能清除携带的病原。当外界环境恶劣（如过冷、过潮、雨水泛滥）或动物抵抗力低下时，则引起发病。针对这种情况，在预防猪传染性腹泻病时要选择安全高效疫苗，如黄白痢疫苗、传染性胃肠炎—流行性腹泻二联疫苗（T－P 二联疫苗）等；采取保温、防潮、消毒、保健等综合性防治措施，改善饲养环境。

> **提示** 当猪群已经发生腹泻时，可在饮水中添加口服补液盐和电解多维，维持机体电解质平衡，还可以给仔猪服用高效抗生素和修复肠黏膜的药物（如猪痢王）。

（五）细菌耐药性增强

近年来，猪场普遍都存在盲目用药的现象，导致细菌的耐药性逐年上升。尤其是老养猪场，大肠杆菌、链球菌、副猪嗜血杆菌等耐药现象很普遍，甚至可耐十几种抗菌药物。加上临床上抗生素产品升级换代过于频繁和部分假冒伪劣兽药的存在，造成细菌性疾病的发病率和死亡率上升。

> **提示** 根据猪病流行特征、症状、病变及实验室诊断、药敏试验等，有针对性地选用高敏药物，做到科学诊断、合理用药，以提高治愈率。

二、猪病流行病因分析

（一）引种携带隐性病原

为达到优质、高产、高效的目的，提高猪群总体质量和保持较高的生产水平，养猪户经常引进优良的种猪。健康的种猪能给养猪场带来良好的经济效益，相反，如果引进的种猪携带疾病，则会造成经济损失，甚至是毁灭性的打击。

近年来，我国从国外引进的种猪数量显著增加，对我国瘦肉型猪的品种改良起到了很大作用。但是，由于缺乏有效的监测手段而且配套措施不力，甚至是制度上的缺陷（如通过隔离检疫，检测的阳性猪被扑杀，其他猪被放行。实际上，被放行的猪是假定健康猪），一些危害严重的疫病（如猪繁殖与呼吸综合征、伪狂犬病、传染性胸膜肺炎、环状病毒、猪萎缩性鼻炎等）带进了国门，给养猪业带来了很大的经济损失。

（二）抗病性能在育种选育中被忽视

遗传因素在猪病的发展中起着重要作用，不同品种猪对传染病的易感性不同，或易于发生某种遗传性疾病。抗病力可分为特殊抗病力和一般抗病力，具有不同的遗传机制。特殊抗病力是指家畜对某种特定疾病或病原体的抗病性。一般抗病力不限于抗某种病原体，受多基因及环境的综合影响，而很少受传染因子的来源、类型和侵入方式的影响。鉴于遗传因素在疾病抗性中的作用，许多单位开展了抗病育种研究。但是长期以来，我国猪优良品种（品系）的选育工作一直偏重于生产、繁殖性能和胴体品质等性状，几乎从未涉及个体抗病性能，因此，群体抗病性能并未提高。与此同时，由于病原体不断变异，集约化饲养方式导致圈舍空间环境恶化、病原体浓度加大等各种诱因，群体对各种猪病的易感性增加。

（三）饲养规模扩大，构成猪病传播的有利条件

猪群规模越来越大，容易造成猪病传播、流行。饲养方式的改变，猪群高度密集，构成猪病传播的有利条件。如笼养母猪，饲养面积由过去栏养母猪的每只 10 米^2 压缩到不足 2 米^2，同等面积栏舍的饲养数量增加了几倍，虽然管理效率提高，但猪病传播的机会同样加大。

（四）高度发达的交通运输业，成为传播猪病的载体

交通运输发达，商品交易频繁，猪产品（活猪及产品）流通范围不断扩大，由于没得到有效监管，导致猪病传播。“高热病”也是以交通网络分布，沿交通运输干道传播。在交通干线 5 千米以内的猪场发病率占 63.28%，5 千米以外的占 26.5%，差距是比较明显的。

（五）生产发展与管理水平不同步

我国猪病防治的总体水平与先进国家相比还有较大差距，远远不能适应养猪业可持续发展的要求。因此，猪病防治体系建设担负着控制或消灭猪传染病和人畜共患病的重大任务。“防重于治”是猪病防治工作的重点。要将免疫接种与良好的生物安全措施、饲养管理有机结合起来，重视免疫抑制性疾病的控制，提高防病理念和对疾病的认知度，合理使用抗生素，实施疾病综合防治技术。

三、猪病防控工作的建议

（一）重视猪场消毒和环境绿化工作

在准备购进仔猪前，应先空舍，将猪舍走廊和猪栏清洗干净，再用高效消毒药物（百毒杀、百菌消、BS 消毒液等）严格消毒，这是养好仔猪的前提条件和有利保证。规模化养猪场，建议在猪舍外的空地和道路两侧多栽种树木，可以吸收猪场的有害气体（如硫化氢、氨气等），净化环境空气，减少呼吸道疾病的发生；在炎热的季节能够遮阴纳凉，对猪舍降温大有益处，发挥“绿色空调”和“天然氧吧”

的功效。

（二）贯彻落实“自繁自养”和“全进全出”的制度

尽量不要从市场上收购仔猪饲养，因为收购的仔猪免疫不规范，往往携带病原，成活率不高。猪场进行品种改良时，引种工作一定要谨慎，采取相应的检疫和隔离措施，否则，“引种过程可能就是引病的过程”。对外地引入的种猪、仔猪应隔离观察、检疫，未发现疾病才能混群。规模化猪场的产房、保育与育肥三阶段要彻底实行“全进全出”，以防各种病原体在猪群中形成连续感染与交叉感染。每批猪转舍后要彻底清扫干净，高压水冲洗，消毒 2 ~ 3 次，空舍 3 ~ 5 天后再进另一批猪。

（三）建立健全猪场生物安全措施

所谓“生物安全措施”，即采取消毒、检疫、隔离、保健、预防等措施，防止外源疫病传入猪场，或者防止本场发病猪传染给健康猪。搞好猪场环境卫生，对猪粪、尿中残存的病原体进行无害化处理。日常对猪舍用具及环境定期消毒，发现病猪立即隔离治疗。

（四）加强免疫

根据当地常见猪病的类型及流行特点、母源抗体水平，征求当地兽医及专家的意见，分别对仔猪、后备母猪、母猪、种公猪和育肥猪设计科学合理免疫程序，定期接种高效疫苗，从而使猪群在整个生产期都得到有效的免疫保护。

> 提示 选用疫苗时，首先应考虑疫苗的质量和效价，从正规途径购进。疫苗必须严格按厂家要求的温度保存和运输，确保疫苗的活性和有效性。一般灭活疫苗要求2～8℃保存，弱毒疫苗（活疫苗）－20℃保存。

接种过程中一定要确保疫苗剂量，选择合适的注射部位和深度，确保免疫效果，并做好免疫记录，包括疫苗的厂家、接种时间、接种部位、接种剂量、疫苗反应等。

现在市场供应的各种猪用疫苗质量良莠不齐，有的运输或保管不当，有的猪群在接种前已感染传染性免疫抑制病（如猪蓝耳病或猪圆环病毒病），接种疫苗后应答反应差，均会造成免疫失败。建议规模化养猪场要定期开展免疫监测工作，即定期采血，送到相关科研部门监测免疫抗体。

> 提示 一旦免疫失败或免疫抗体低于临界保护值，要及时补种疫苗，或适当调整猪场的免疫程序。

（五）尽早确诊，合理用药

当前许多猪病为混合感染，许多综合症状在临床上非常类似，仅凭肉眼和临床经验不足以确诊。建议猪场尽早采集发病猪的样品，送至相关部门，采用实验室技术对相关疑似疾病进行确诊或排除。

> 提示 尽量少用治疗性抗生素，以减少药物的毒副作用。如果猪场或周边地区有疫情流行时，可以在饲料和饮水中适当添加保健药物或清热解毒的中草药。对混合感染的猪病需要联合用药时，不仅剂量要到位，而且要注意配伍禁忌，以提高疗效，降低猪的死亡率。

四、“全进全出”饲养模式

所谓“全进全出”，就是在同一范围内只进同一批日龄、体重相近的育肥猪，

并且全部出场。出场后彻底打扫、清洗、消毒，切断病原的循环感染。消毒后密闭1～2周，再饲养下一批猪。“全进全出”最大的优点是便于管理，容易控制疾病。因整栋（或整场）猪舍都是日龄、体重相近的猪，所以温度控制、日粮更换、免疫接种等很方便，而猪的增重率高、耗料少、死亡率低。

提示　在采用“全进全出”模式时，要选择生长发育整齐的仔猪，提供良好的饲料和足够的料槽，公和母、强和弱分群饲养，加强防治疾病的工作，才能做到猪群的同期出场。

（一）“全进全出”出现的问题

1. 猪场领导层生产和管理人员不重视

有些猪场领导层和生产管理人员怕麻烦，不愿意去组织实施“全进全出”，或不懂得如何实施“全进全出”。

2. 猪舍的规划设计存在问题

现在许多猪场的猪舍仍为大通间式，没有分成若干小单元，虽说容纳的猪比较多，但一批猪转出去了，仍有另一批猪在里面养着，不能做到“全进全出”。

3. 对弱猪的处理不当

同一批猪中，由于疾病或其他原因，出现了一些长势较慢的弱猪。由于到转栏时这些弱猪没有达到转栏体重，出于“同情”，仍将这些弱猪在原舍饲养，虽说同一批猪中的大部分转出去了，但并没有做到真正意义上的“全进全出”。

（二）确保“全进全出”的措施

1. 把猪舍设计成小单元

目的是使一个单元猪舍的猪在转群时“全进全出”，空舍封闭7天，进行彻底消毒。方法是按7天的繁殖节律，计算出的每周各类猪群头数，作为该群猪的一个单元。再按该类猪群的饲养日数加空圈消毒时间，计算出该猪群所需的单元数和猪舍幢数。一幢猪舍可以酌情安排数个独立单元，每单元内的猪栏为双列或多列，南北向布置。各单元北面设一条走廊，类似火车的软卧车厢。每个单元相当于一个包厢，这样任何一个单元封闭消毒时，都不影响其余单元的正常管理。值班室和饲料间可设于猪舍的一端或中间。例如，一个年产万头的商品猪场，约需基础母猪600头，平均每头年产2.2窝，平均每周产24～26窝，则一个产房单元按24～26窝设计。因母猪临产前7天进产房，哺乳35天，空圈消毒7天，共占圈49天，故需设产房单元7个；断奶仔猪原窝转入培育舍，一窝一栏，则每个培育仔猪单元也需安排24～26个栏。因仔猪培育为35天、空圈消毒7天，共占圈42天，故需设培育仔猪单元6个。其余的各类猪群均可按7天的节律，根据饲养量、空圈日数及每圈饲养头数，算出每单元的圈数和所需单元数。

确定了各类猪群所需单元数和每单元圈数后，即可设计每幢猪舍的适宜长度（为布局整齐，各猪舍应长度一致），再合理设计布局。这样的猪场设计，可以做到各类猪群都可以“全进全出”，在发生疫情时可以立即对病猪单元进行封锁、处理、消毒。由于封锁的范围小、隔离的猪数有限，影响面小，防疫效果好，损失也小。

如果是老猪场，应对猪舍进行相应的改造，将原有的大通间从中间隔开，成为独立的小单元式猪舍。

> **提示** 值得注意的是，不同小单元之间的排污一定要独立。如果不能做到全场内每个阶段的猪都“全进全出”，最起码要保证产房和保育舍内的猪“全进全出”。

2. 猪舍转空后消毒要彻底

同一栋猪舍内的猪全部转空后，如果不进行彻底消毒，那么“全进全出”也就

失去了应有的意义。消毒时先用高压水枪将猪舍冲洗干净，包括猪床、饲槽、走道、墙壁、天花板，特别是粪尿沟。用2% ~3%氢氧化钠（烧碱）溶液对猪舍进行喷雾消毒，再用高压水枪冲洗干净。接着用另外一种消毒剂（如复合醛类消毒剂）对猪舍进行喷雾消毒，再用高压水枪冲洗。最后用福尔马林和高锰酸钾密闭熏蒸消毒。消毒时间加空栏时间达到7天后，再重新进下一批猪。不同猪场可以采用不同的消毒方法。

3. 合理处理弱猪

对猪群内没有达到转栏体重的弱猪，要根据实际情况恰当处理。对无法治愈的病猪和治疗后无经济价值的猪都应淘汰，绝不可留在原圈继续饲养。

“全进全出”是集约化猪场一项基本的管理制度，直接关系到猪场的疫病防控和最终的生产效益，所以要千方百计保证实施。

单元二
猪病毒病

单元提示

1. 猪繁殖与呼吸综合征
2. 猪瘟
3. 口蹄疫
4. 猪圆环病毒病
5. 猪细小病毒病
6. 猪伪狂犬病
7. 猪流行性乙型脑炎
8. 猪传染性肠胃炎
9. 猪轮状病毒病
10. 猪流行性感冒

一、猪繁殖与呼吸综合征

猪繁殖与呼吸综合征（PRRS）俗称“猪蓝耳病”，是一种由病毒引起的接触性传染病。猪临床特征为厌食、发热、繁殖障碍和呼吸困难，本病主要危害繁殖母猪、种公猪和仔猪。

（一）病原

猪繁殖与呼吸综合征病毒（PRRSV）分为两个基因型，即欧洲型和美洲型，我国PRRSV流行毒株以美洲型为主，其中PRRSV变异株是近年来流行的主要毒株。

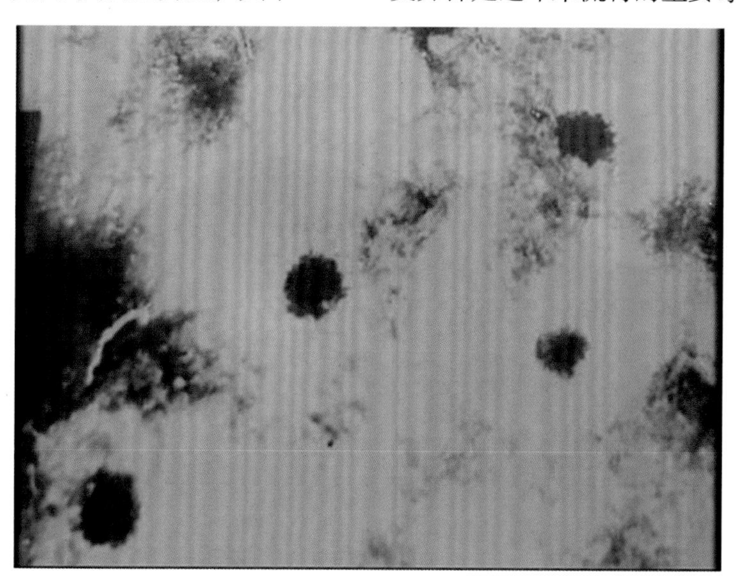

（二）流行特点

PRRSV感染仅限于猪（家猪和野猪），任何年龄猪均可感染，主要经接触和呼吸道传播，感染猪与健康猪直接接触是PRRSV传播的主要途径。本病呈流行性或地方流行性，卫生条件差、气候恶劣、饲养密度过高是发病诱因。PRRSV可从病猪的血清、肺脏、淋巴结、脾脏、精液、唾液、粪便、尿液、鼻道拭子、口咽拭子中分离到。

（三）临床症状

被感染猪的年龄和毒株的毒力不同，临床症状也不同。

1. 母猪

妊娠后3个月的母猪感染PRRSV，表现流产、早产和死胎等繁殖障碍特征，新生仔猪死亡率可达30%～100%。被感染的母猪表现厌食、发热、昏睡、肺炎、缺乳、蓝耳、外阴和皮下水肿、断乳延迟及返情等症状，少数死亡。

2. 仔猪

感染PRRSV的新生仔猪呼吸困难、急促，眼周及皮下水肿，结膜炎，耳朵发蓝，食欲不振，发热，皮肤红斑，腹泻，震颤，毛发粗乱，表现神经症状。

提示　断乳仔猪感染PRRSV的典型症状为发热、肺炎、昏睡及精神萎靡。

母猪产木乃伊胎

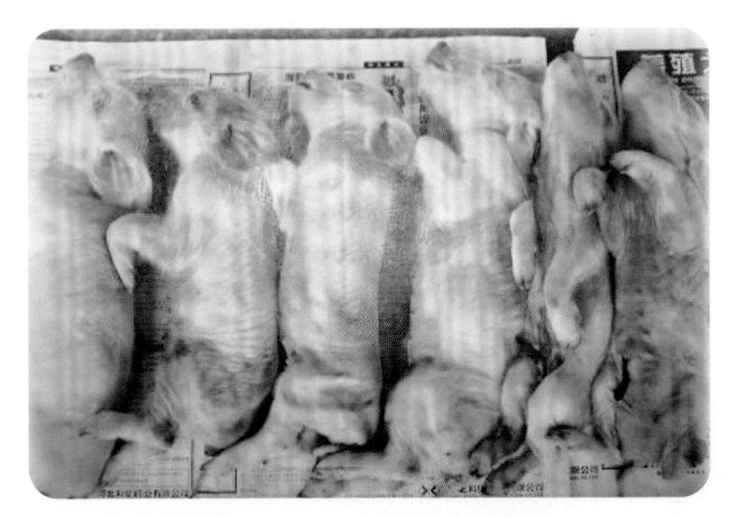

仔猪皮下水肿

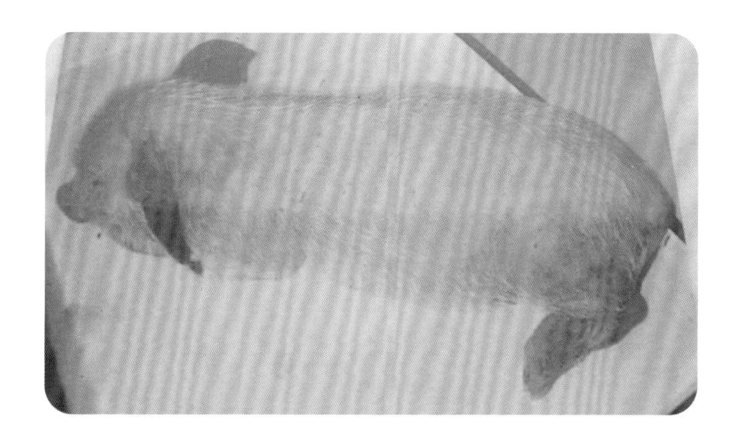

仔猪耳朵发蓝

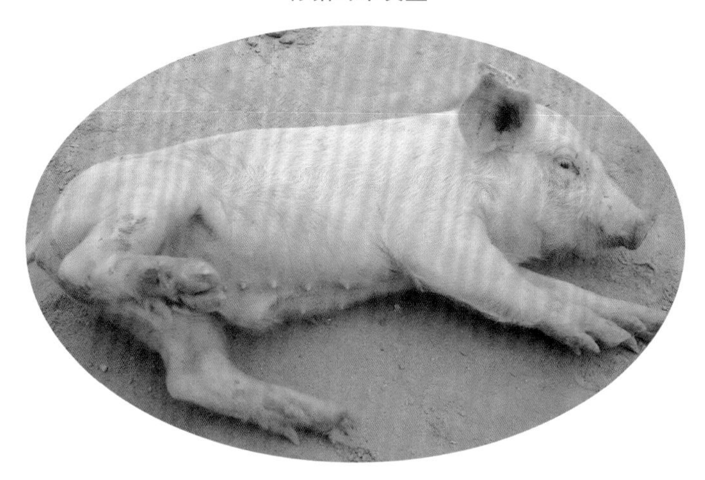

仔猪表现神经症状

3. 育肥猪和公猪

育肥猪症状较轻，仅表现 5 ~ 7 天厌食，呼吸困难，不安和易受刺激，体温可升至 40 ~ 41℃，常见亚临床感染。公猪感染后表现厌食、发热，精液质量下降。

4. 高致病性蓝耳病猪

病猪有 41℃以上持续高热，不分年龄均出现死亡，发病率 100%，死亡率 50%以上。病猪表现发热、厌食或不食，耳部、口鼻部、后躯及股内侧皮肤早期发红，后期发绀。另外，病猪伴有眼结膜炎、咳嗽、气喘等呼吸道症状，摇摆、抽搐、行走困难等神经症状。

病猪呈现高死亡率

皮肤充血、出血

（四）病理变化

猪繁殖与呼吸综合征的可见病变差异很大，与不同 PRRSV 分离株、猪的遗传及环境应激因素有关。有的病猪肺看不到病变或肺小叶间质增宽、水肿，呈间质性肺炎病变。病仔猪的淋巴结明显肿大、出血或坏死，脾脏肿胀、坏死。

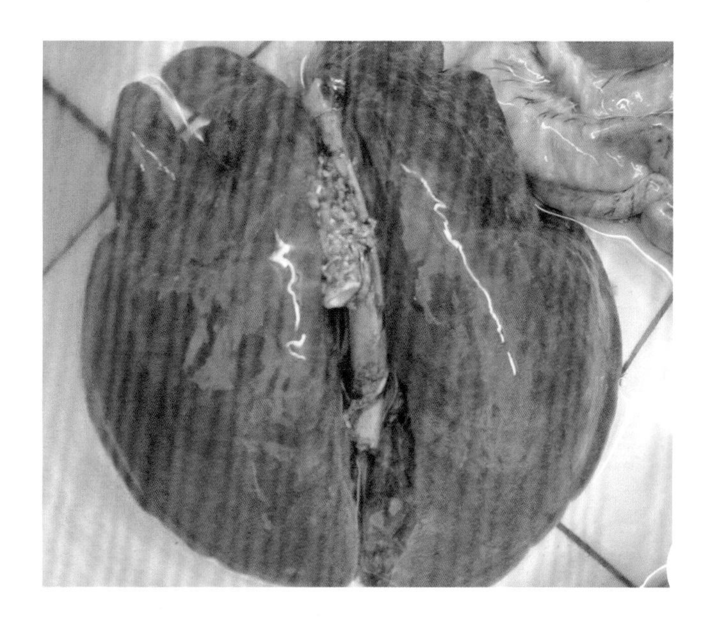

肺脏肿胀、变形

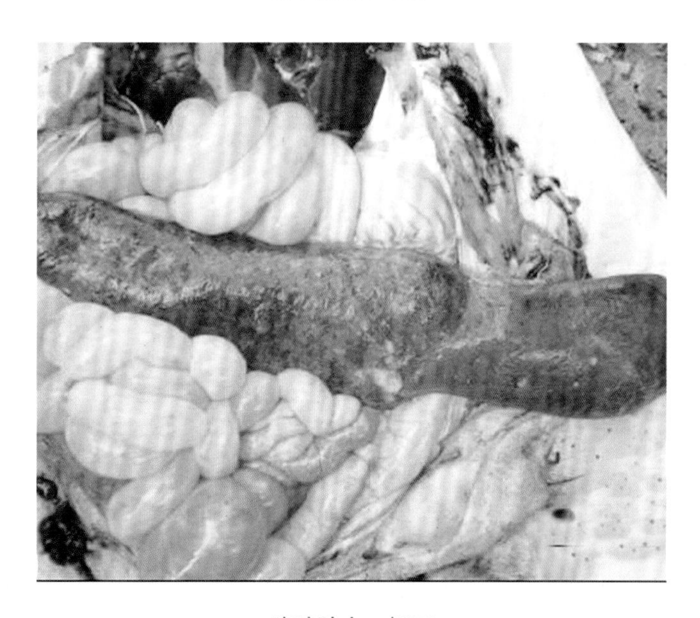

脾脏肿大、坏死

（五）诊断

根据流行病学、临床症状、剖检病变可以作出初步诊断，确诊需要进行病原分离、免疫荧光染色（IFA）、ELISA、RT－PCR 等检验。

提示　注意本病与猪细小病毒病、猪伪狂犬病、猪流行性乙型脑炎、猪瘟、猪附红细胞体等的鉴别诊断。

（六）防控措施

目前国内外已有商品化 PRRS 疫苗，但鉴于疫苗的安全性，一般种猪场和 PRRS 的阴性猪场不建议使用 PRRS 弱毒疫苗，可选用 PRRS 灭活疫苗进行预防。

> 提示　仔猪和育肥猪可采用 PRRS 弱毒疫苗免疫接种。

猪场最好自繁自养，尽量不从疫区调入种猪。调进种猪要严格执行消毒、隔离、检疫等生物安全措施，防止将新的病毒引入猪群。要做好猪场的兽医卫生防疫工作，妥善处理死胎和病猪。对发病猪可采用复方黄芪多糖（含黄芪多糖、板蓝根、鱼腥草、利巴韦林）配合猪用干扰素进行肌肉注射，每千克体重 0.1 毫升，每日 1 次，连用 3 ~ 4 天；或泰妙林（泰妙菌素 + 利巴韦林）注射液，配合猪用干扰素肌肉注射，每千克体重 20 毫克，每日 1 次，连用 3 ~ 4 天。通过以上治疗，可以提高猪的机体免疫力，防止继发感染，能在很大程度上减少损失。

二、猪瘟

猪瘟，又称古典猪瘟（CSF），俗称“烂肠瘟”，是猪的一种急性、热性、高度接触性传染病。国际兽医局的国际动物卫生法规将本病列入 A 类 16 种法定传染病，定为国际动物检疫对象。

（一）病原

猪瘟病毒属黄病毒科、瘟病毒属，可以划分为 3 个基因型，致病力存在很大差异，但有交叉保护作用。我国猪瘟病毒的流行毒株属于基因Ⅱ型，占 80% 以上，而使用比较广泛的猪瘟兔化弱毒疫苗病毒属于基因Ⅰ型。

（二）流行特点

本病在自然条件下只感染猪，不同品种、年龄的家猪和野猪都易感。1 月龄以内的哺乳仔猪，由于从母猪的初乳中获得了抗体，往往具有被动免疫力。本病的发生没有季节性，在新疫区常呈急性暴发，发病率、病死率都很高。本病主要经消化道感染，也可经皮肤伤口和呼吸道感染。

提示 病猪的尸体处理不当，消毒不彻底，该病毒可通过运输、交易、配种等途径造成广泛传播。人畜随意进出猪舍，注射器械消毒不严等造成间接传播。

（三）临床特征

本病潜伏期2～21天，平均5～7天。根据病程的长短和临床特征，可将猪瘟分为最急性型、急性型、慢性型和温和型。主要临床表现为仔猪发热、扎堆和高死亡率，皮肤有出血点。

仔猪发热、聚集

仔猪高死亡率

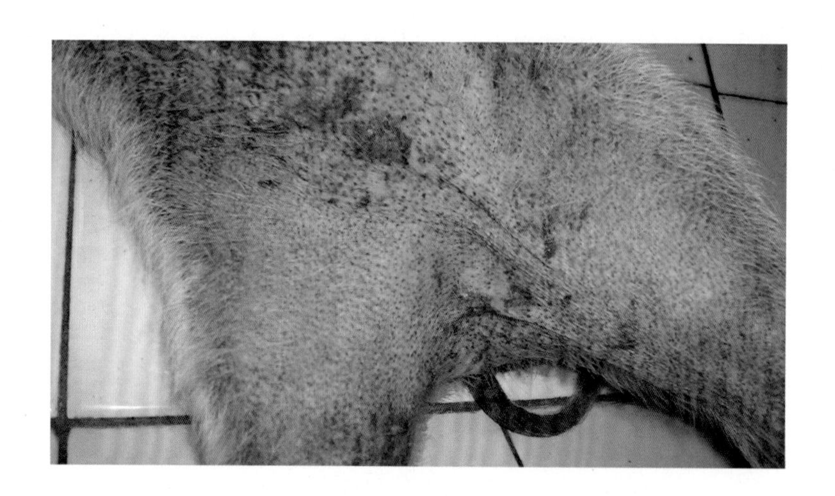

腹部皮肤出血

（四）病理变化

急性猪瘟剖检可见病猪膀胱黏膜点状出血，全身淋巴结肿大，以腹股沟淋巴结和肠系膜淋巴结尤甚，切面呈红白相间的大理石样病变。整个消化道都有病变，胃黏膜或浆膜呈出血性炎症。口腔、齿龈有出血点和溃疡，喉头、咽部黏膜有出血点。肺脏斑点状出血。脾的边缘有红黑色的坏死斑块，似米粒大小，质地较硬，突出被膜表面，称为出血性梗死。肾贫血，表面出血点似“麻雀卵状”。大肠出血、坏死。慢性猪瘟病例，在大肠的回盲瓣段黏膜上形成特征性纽扣状溃疡。

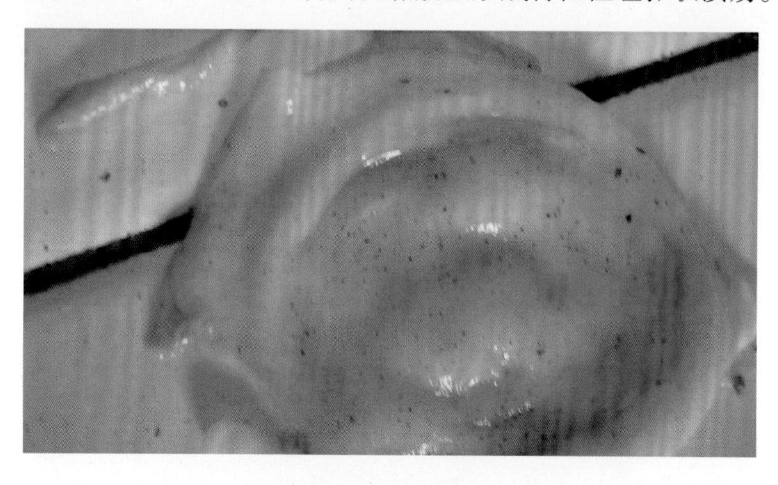

膀胱黏膜点状出血

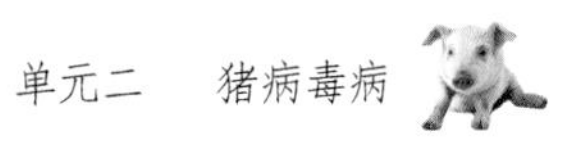

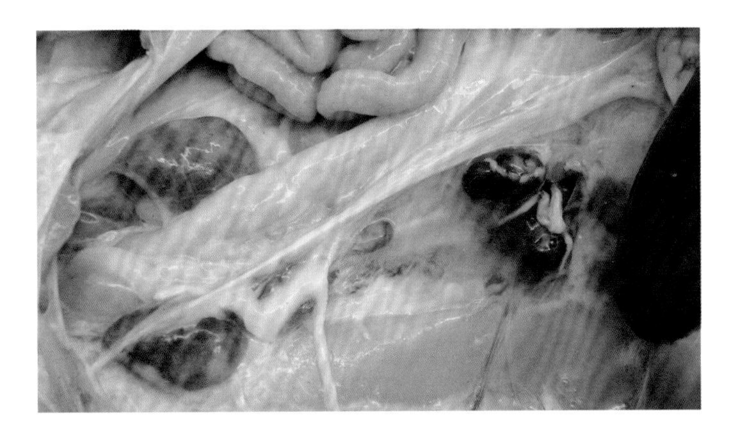

腹股沟淋巴结大理石样出血

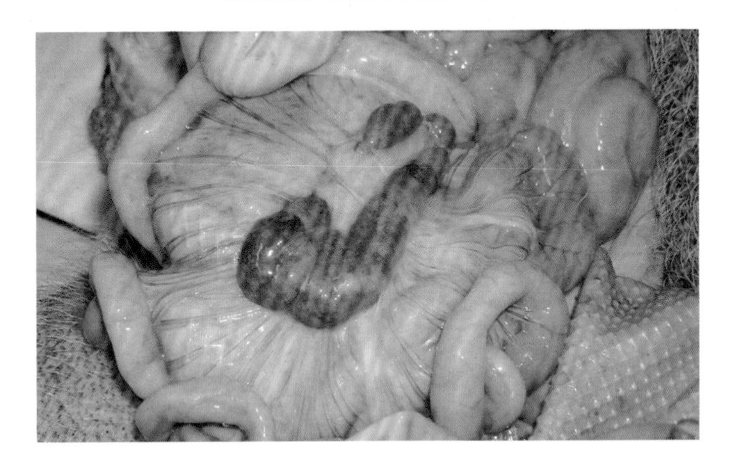

肠系膜淋巴结肿胀、出血

胃浆膜点状出血

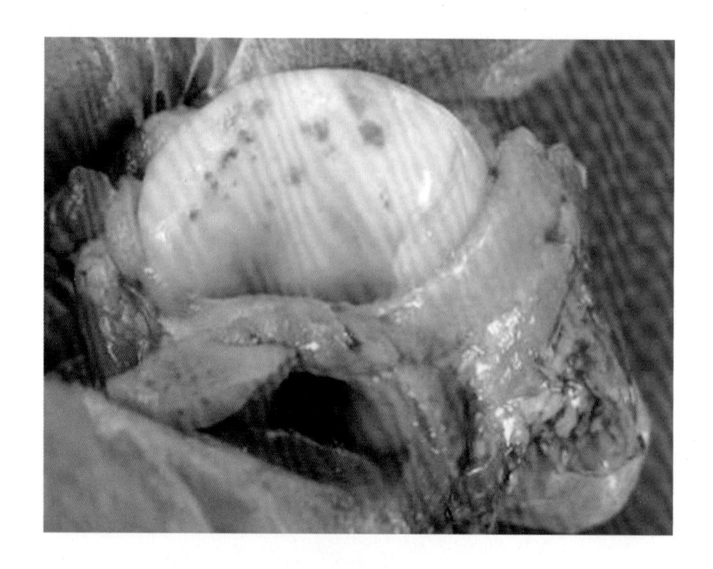

喉头出血

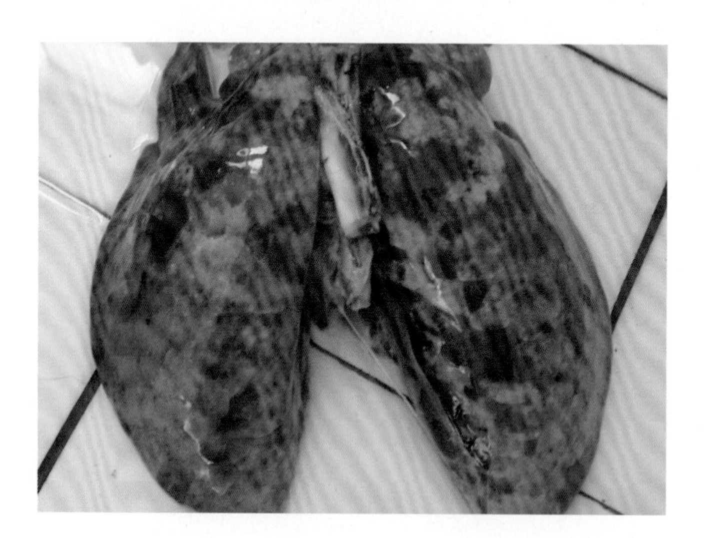

肺脏斑点状出血

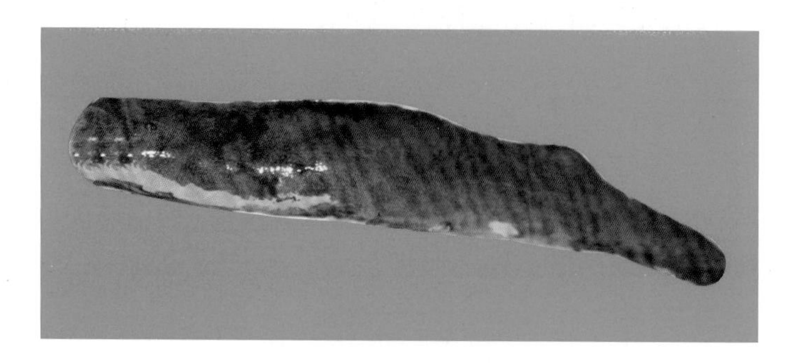

脾脏边缘出血性梗死

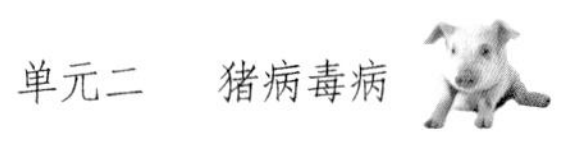

肾脏贫血，表面出血点似“麻雀卵状”

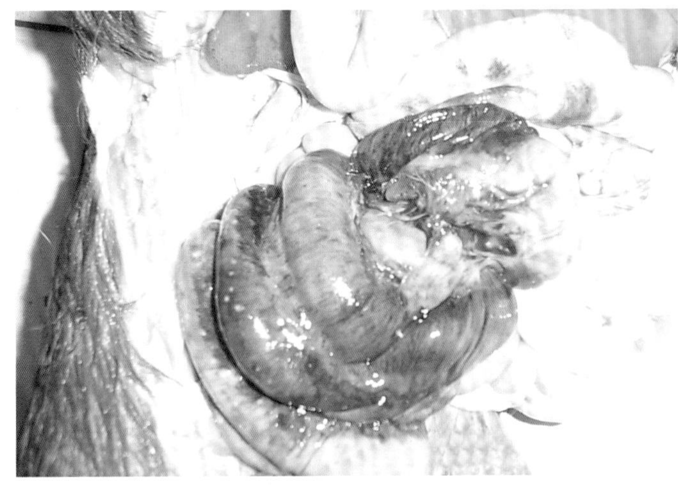

大肠出血、坏死

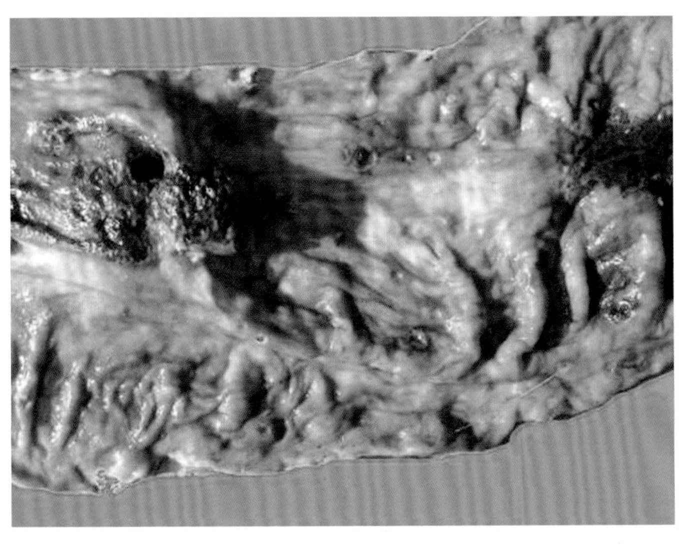

回盲瓣黏膜纽扣状溃疡

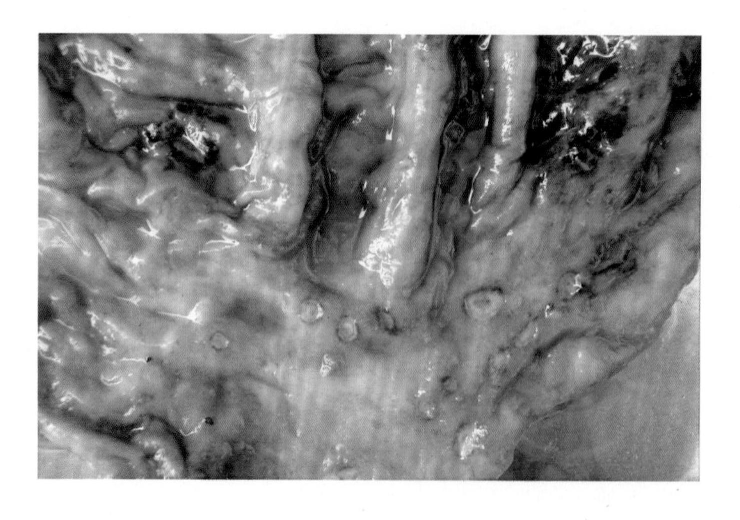

大肠黏膜纽扣状溃疡

（五）诊断

根据流行病学、临床症状和剖检变化可作出初步诊断。实验室确诊可采集血样和组织器官，应用免疫荧光抗体技术（IFA）、反转录—聚合酶链反应技术（RT－PCR）进行检测。

> 提示　注意本病与猪蓝耳病、猪链球菌病、猪附红细胞体病等的鉴别诊断。

（六）防控措施

目前本病还没有很好的治疗措施，主要采用猪瘟兔化弱毒细胞苗或脾淋苗免疫预防。仔猪1日龄超前免疫猪瘟兔化弱毒疫苗1头份，60～65日龄加强免疫5～6头份；或者20～22日龄免疫3～4头份，60～65日龄加强免疫5～6头份。养殖小区猪场，进猪7天内注射猪瘟单苗5头份，30～40天后加强免疫5头份。

> 提示　疫苗使用前后4～5天，停用抗病毒药和激素类药物。

三、口蹄疫

口蹄疫（FMD）属一类传染病，俗名“五号病”，是由口蹄疫病毒引起的偶蹄动物急性、热性、高度接触性传染病。本病临诊特征为病猪口腔黏膜、蹄部和乳房皮肤有

水疱。

（一）病原

口蹄疫病毒属于微核糖核酸病毒科，目前已知有7个主型，即A、O、C、南非1、南非2、南非3和亚洲1型。我国流行的口蹄疫主要为O、A、C三型及ZB型（云南保山型）。该病毒在阳光直射下60分钟，加温85℃15分钟、煮沸3分钟即可杀死。病毒对酸碱试剂敏感，1%～2%氢氧化钠、1%～2%甲醛等都是良好的消毒液。

（二）流行特点

本病主要感染偶蹄动物（包括牛、羊、猪、鹿、骆驼等），具有流行快、传播广、发病急、危害大等特点，疫区发病率可达50%～100%，幼畜死亡率较高，成年动物死亡率较低。病畜和潜伏期动物是最危险的传染源。病畜的水疱液、乳汁、尿液、口涎、泪液和粪便中均含有病毒。该病毒主要是经消化道和呼吸道传染，以春秋两季较多。

（三）临床症状

该病潜伏期1～7天，病猪体温可升高到40～41℃。发病1～2天后，病猪厌食、喜卧，口腔舌面、齿龈、趾间及蹄冠的柔软皮肤上有水疱，甚至蹄痂脱落。有时在吻突和乳头皮肤也可见到水疱，有的出现结膜炎。良性口蹄疫死亡率1%～2%。恶性口蹄疫病猪全身衰弱、肌肉发抖，食欲废绝，行走摇摆，往往因心脏麻痹而突然死亡，死亡率高达25%～50%。

病猪厌食、喜卧

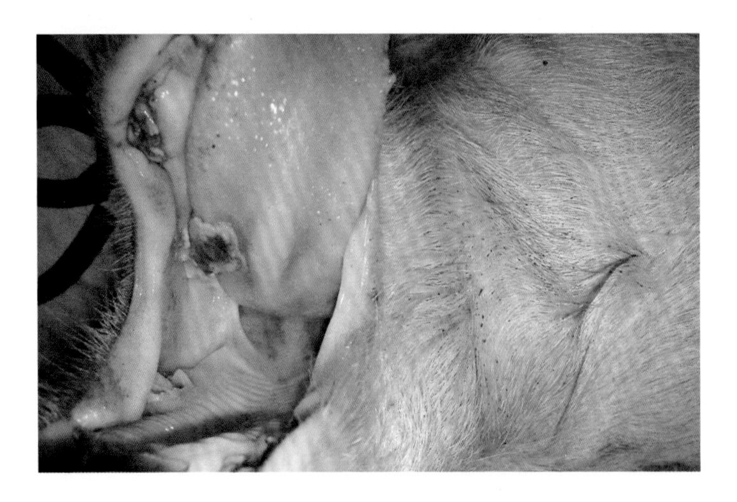

舌面水疱、溃疡

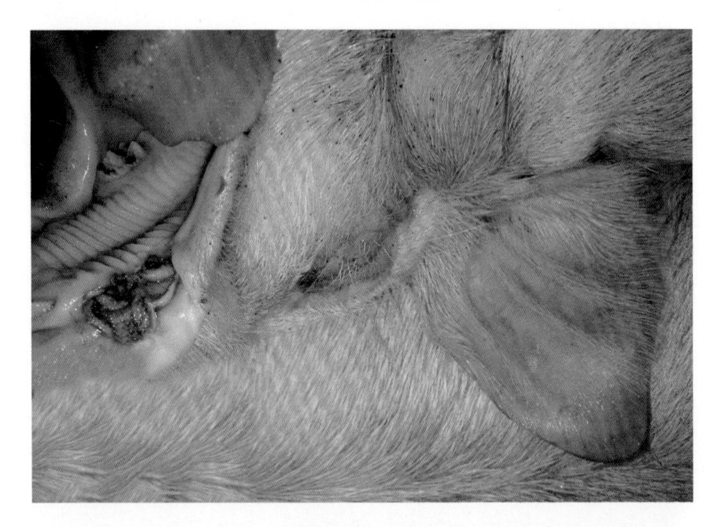

齿龈水疱、溃疡

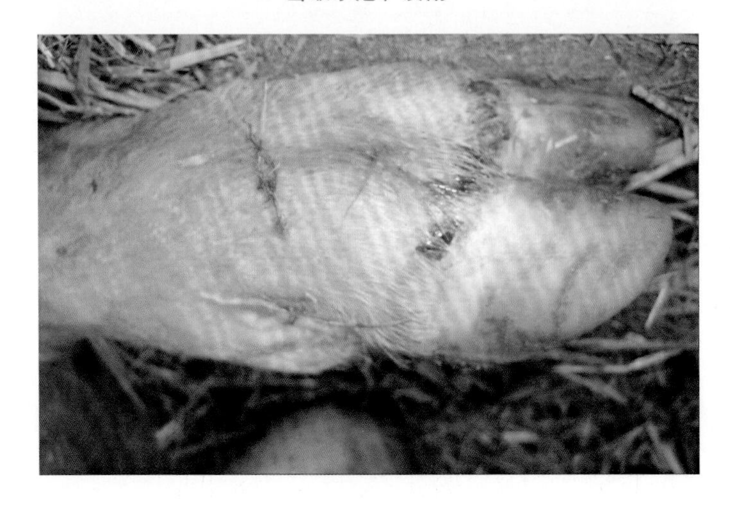

蹄部水疱

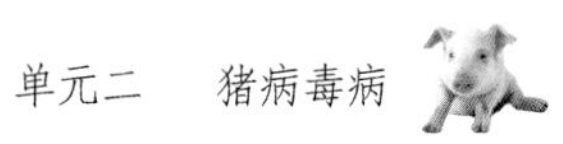

蹄痂脱落

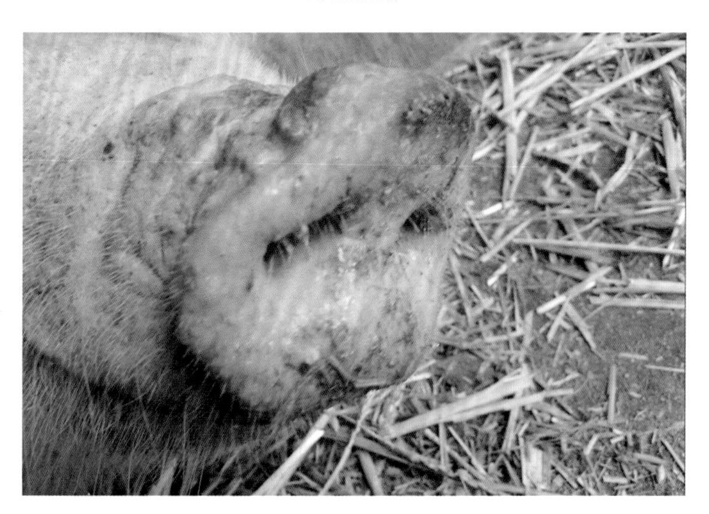

吻突水疱

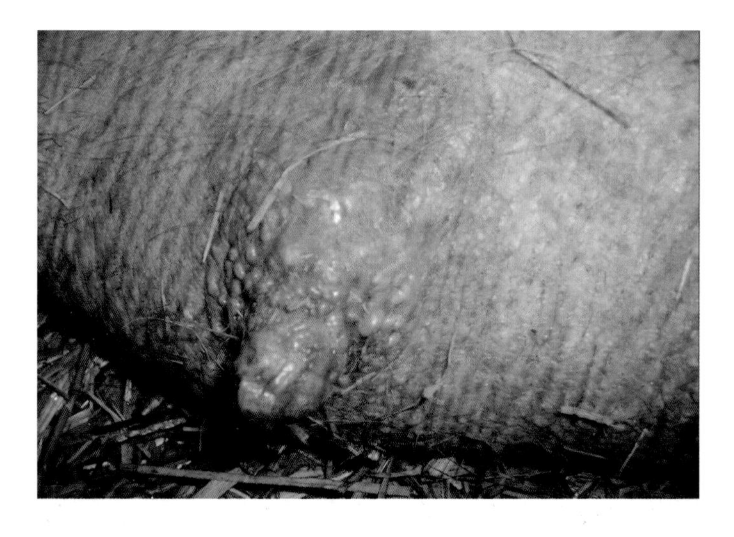

哺乳母猪乳房水疱

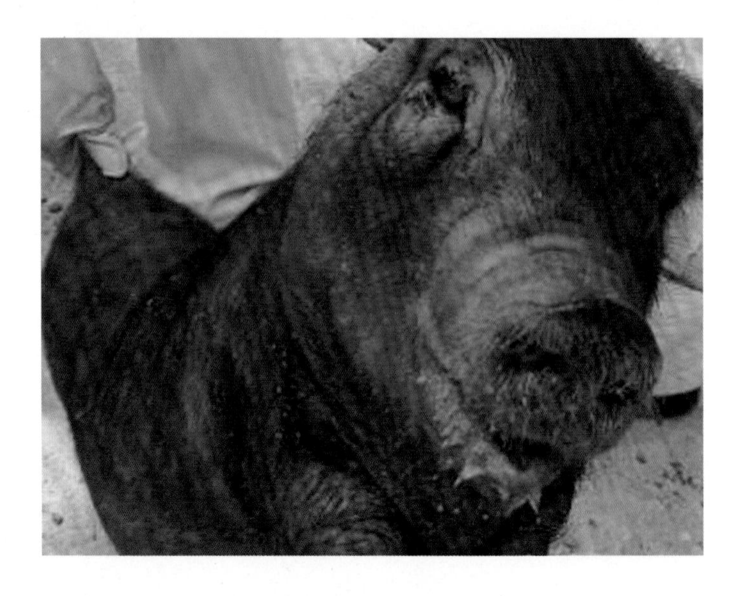

口腔流涎，眼结膜炎

（四）病理变化

除口腔和蹄部病变外，胃肠有出血性炎症；肺呈浆液性浸润；心包内有大量混浊且黏稠的液体。恶性口蹄疫可见心肌切面上灰白色或淡黄色条纹，与正常心肌相伴而行，如同虎皮状斑纹，俗称“虎斑心”。

（五）诊断

口蹄疫病变典型，易辨认，结合临床病学调查可作出初步诊断。实验室采用反转录聚合酶链反应（RT－PCR）技术，检测血清型口蹄疫病毒；或采用血清学试验（如ELISA）检测FMDV感染，具有灵敏、快速、价廉等优点。

（六）防控措施

发现病猪疑似口蹄疫时，应立即报告兽医机关，病猪就地封锁，所用器具及污染地面用2%氢氯化钠消毒。确诊后，立即严格封锁、隔离、消毒及防治。病猪扑杀后要无害化处理，猪舍及附近用2%氢氯化钠、1%～2%甲醛喷洒消毒。对疫区周围健康猪群，选用与当地流行口蹄疫毒型相同的疫苗紧急接种，疫苗用量、注射方法及注意事项严格按照疫苗说明书。

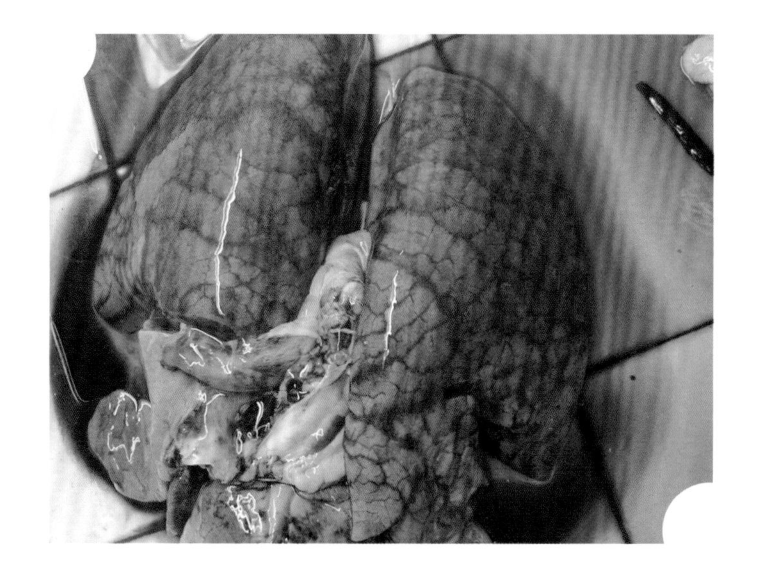

肺脏浆液性浸润

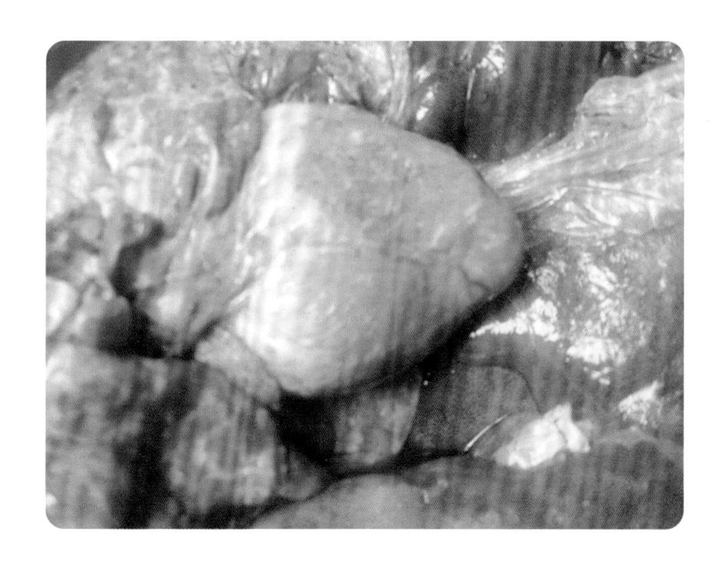

“虎斑心”

四、猪圆环病毒病

本病包括猪断奶后多系统衰竭综合征（PMWS）、坏死性间质性肺炎（PNP）、猪皮炎肾病综合征（PDNS）等，也是猪免疫抑制性疫病之一，给我国养猪业造成了很大的经济损失。

（一）病原

病原圆环病毒 2 型（PCV2）是最小的动物病毒之一，对氯仿、碘酒、酒精等有机溶剂不敏感，对苯酚季胺类、氢氧化钠和氧化剂等较敏感。

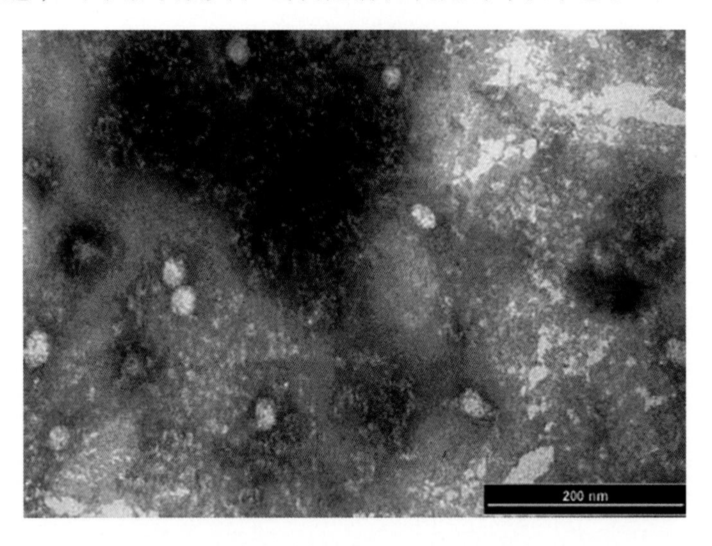

（二）流行特点

本病流行无明显季节性，PCV2 可以通过被污染的空气、水源、饲料等途径传播，猪之间可通过直接接触传染。感染猪可通过鼻液、粪便等分泌物排毒，感染公猪的精液中也存在病毒粒子。

（三）临床症状

主要感染 6 ~ 15 周龄的断奶仔猪。仔猪呈渐进性消瘦，腹部甚至全身皮肤有硬币大小的斑块，呼吸急促，有的仔猪腹泻。

（四）病理变化

病猪皮下贫血或黄疸，全身淋巴结肿大 2 ~ 5 倍，切面白色多汁。肺脏肿胀，间质增宽，质地坚硬或似橡皮，有散在、大小不等的褐色实变区。肾脏水肿、苍白，被膜下有大小不一的白斑，髓质部有点状出血。

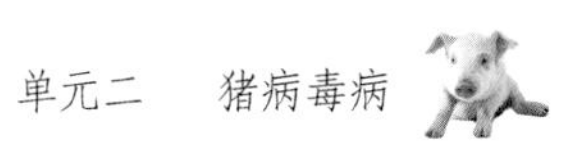

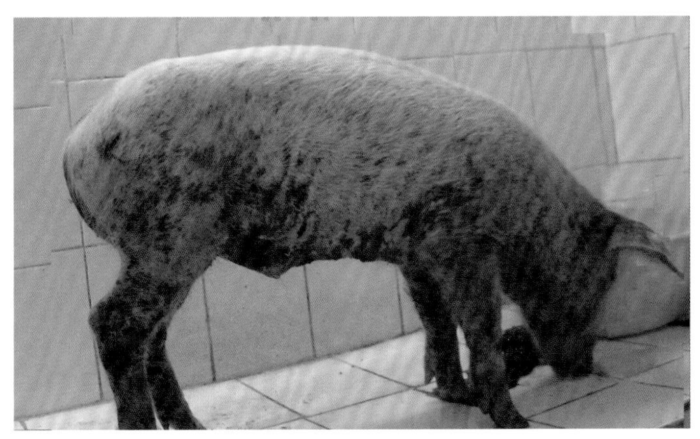

病猪渐进性消瘦

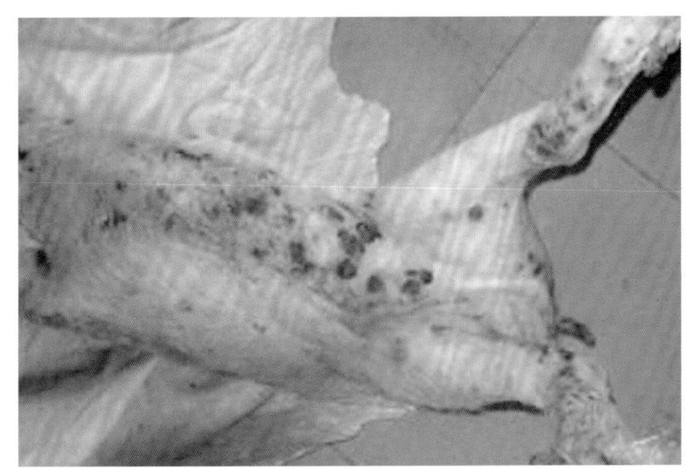

腹部皮肤斑块

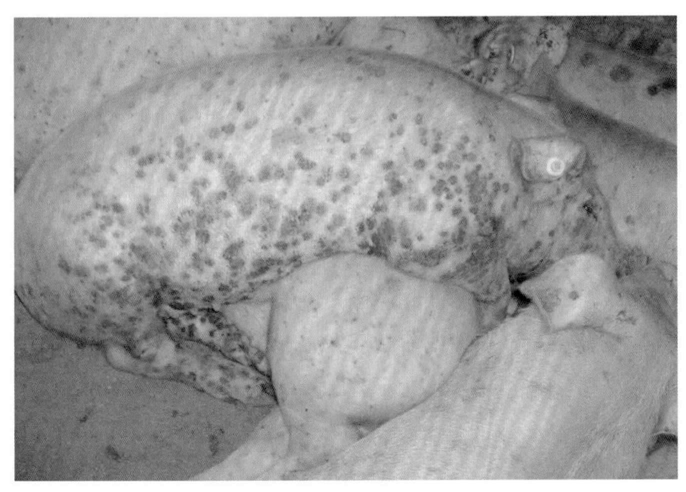

全身皮肤斑块

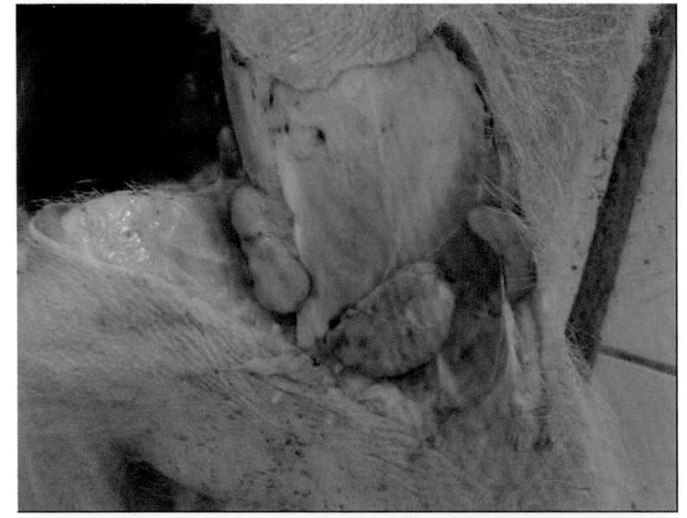

淋巴结肿大

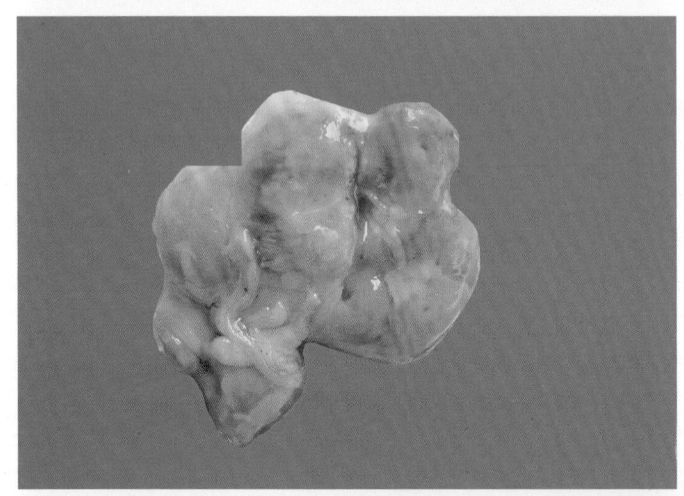

淋巴结切面白色、多汁

肺脏坏死病变

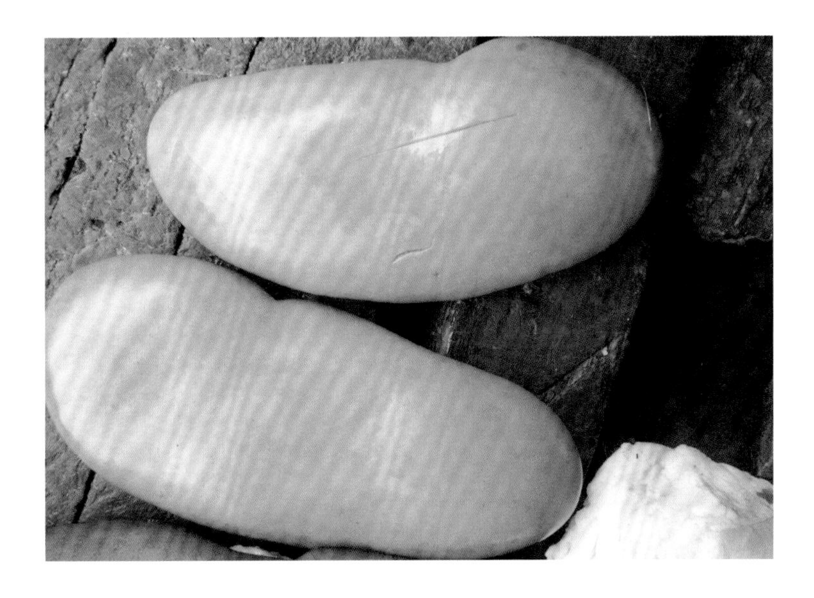

肾脏白斑

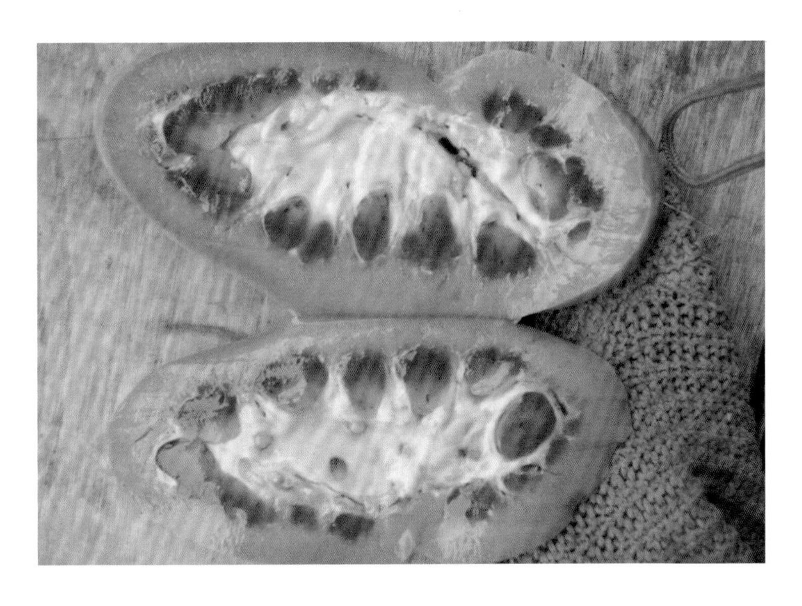

肾脏髓质出血

（五）诊断

根据临床症状和流行病学特点，可初步诊断为 PCV2 感染。确诊需借助 PCR 检测和血清学诊断技术。

（六）防控措施

目前对 PCV2 感染没有很好的治疗方法，主要进行综合防治。采用“全进全出”，降低饲养密度，保持良好的通风和适温，减少各种应激因素。采用黄芪多糖配合干扰素、免疫球蛋白、转移因子新型的抗病毒剂，同时应用促进肾脏排泄和缓解类药物，有良好的效果。采用氟苯尼考等抗菌药物，配合电解多维拌料或饮水，减少细菌感染。目前已有圆环病毒灭活疫苗上市，可对易感猪群免疫接种。

五、猪细小病毒病

猪细小病毒病（PPV）主要是引起母猪产死胎、木乃伊胎、早期胚胎死亡和不育，给世界养猪业造成了很大的经济损失。

（一）病原

猪细小病毒（PPV）属于细小病毒属，无囊膜，对外界环境具有很强的抵抗力。

（二）流行特点

本病常见于初产母猪，一般呈地方性流行或散发。PPV 主要经消化道和呼吸道传染，也能通过胎盘传染胎儿。

（三）临床症状

成年猪感染 PPV 几乎不表现症状。妊娠母猪随感染时期不同，表现也不同。在母猪妊娠早期（10 ~ 30 天）感染，可引起胚胎死亡，产仔数减少；妊娠中期（40 ~ 60 天）感染，引起死胎、木乃伊胎、异常胎儿等，一般不发生流产，死亡胎儿多在分娩时产出；妊娠 70 天后感染，可造成胎盘炎而流产；妊娠 90 天以上感染的母猪，多能正常产活仔，但仔猪瘦弱易死亡。患病母猪易表现发情不正常、久配不孕、空怀等症状。

（四）病理变化

母猪子宫内膜有轻度炎症或胎盘钙化，胎儿被溶解、吸收。被感染的胎儿表现充血、水肿、脱水、黑化畸形，以及死胎腹腔积液、母猪胎盘钙化等。

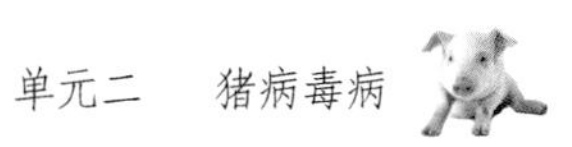

胎儿充血

胎儿水肿

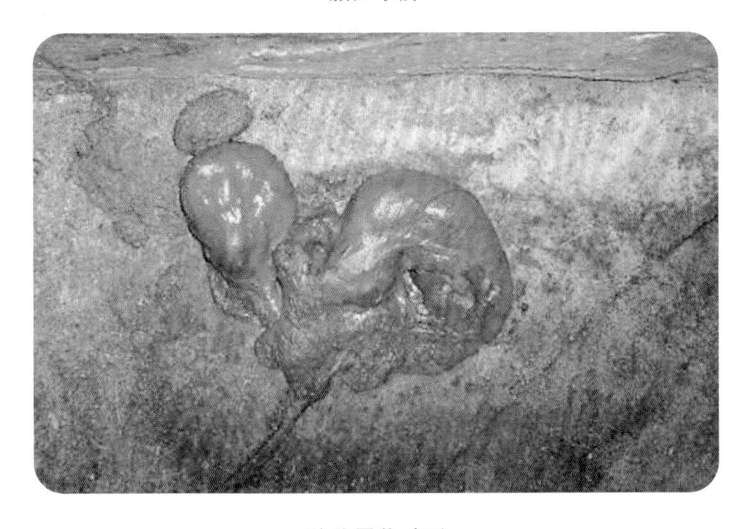

胎儿黑化畸形

产出的死胎腹部膨大，腹腔积液

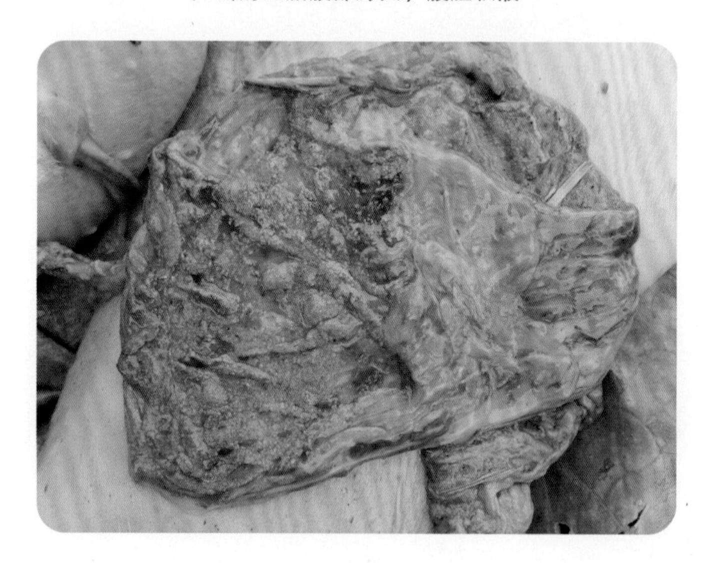

胎盘钙化

（五）诊断

如果猪场多头初产母猪发生产下木乃伊胎的繁殖障碍疾病，而又不表现任何临床症状时，应先考虑本病，确诊借助于实验室技术。

> 提示　目前，国内外广泛使用的还是HI试验检测PPV血清抗体，简便易行、检出率高，可用于PPV的流行病学调查和猪群免疫水平的监测。

（六）防控措施

加强生物安全措施，防止带毒猪进入猪场。在引进种猪时应隔离 2 周，经检疫合格后方可与本场猪混饲。重视免疫接种措施。后备母猪在配种前1 ~2个月可使用猪细小病毒疫苗预防接种，保证在怀孕前获得主动免疫。

六、猪伪狂犬病

猪伪狂犬病（PR）是由伪狂犬病毒引起的一种急性传染病。新生仔猪表现神经症状，妊娠母猪感染后可表现流产、死胎及呼吸系统症状。本病也可感染其他家畜和野生动物。

（一）病原

伪狂犬病毒（PRV）属于疱疹病毒科、猪疱疹病毒属，对外界抵抗力较强，在污染的猪舍能存活 1 个多月。一般常用的消毒药对该病毒都有效。

（二）流行特点

本病无明显季节性。病猪、带毒猪以及带毒鼠类为重要传染源。健康猪与病猪、带毒猪直接接触，经皮肤伤口、猪配种可传染本病。仔猪日龄越小，发病率和病死率越高。

（三）临床症状

哺乳仔猪病初发热、呕吐、下痢、厌食、精神不振、呼吸困难，继而出现神经症状，如共济失调，间歇性痉挛，后躯麻痹，倒地四肢划动。断奶仔猪体温升高，有的出现神经症状。怀孕母猪感染发生流产，产下木乃伊胎、死胎和弱仔。

哺乳仔猪病初发热、呕吐、下痢

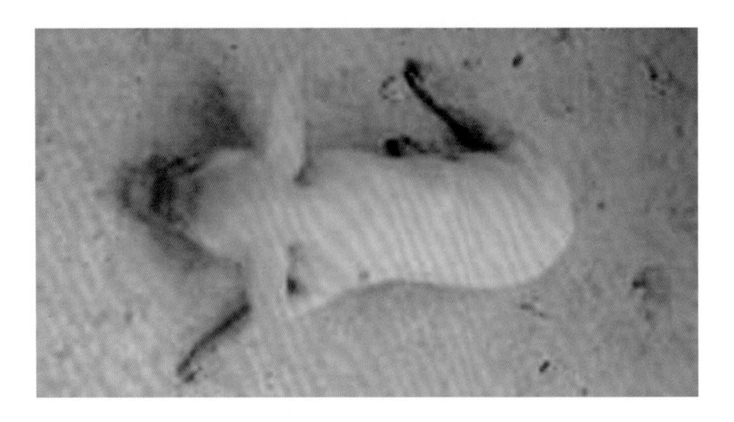

仔猪后躯麻痹

仔猪倒地呈游泳状划动，流涎

仔猪神经症状，角弓反张，犬坐

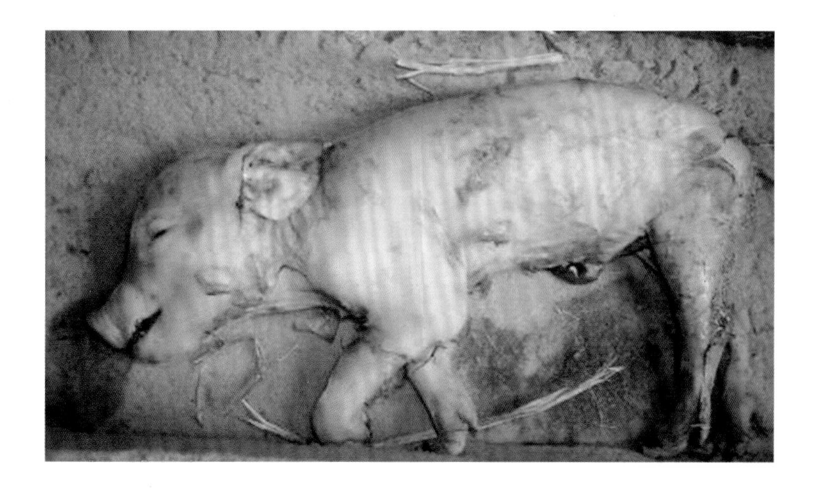

怀孕母猪产死胎

（四）病理变化

脑膜明显充血、出血或水肿，脑脊髓液增多。扁桃体、肝和脾均有散在白色坏死点。肺水肿或出血，有小叶性间质性肺炎，胃黏膜有卡他性炎症，胃底黏膜出血。死亡仔猪扁桃体坏死，肾有出血点。

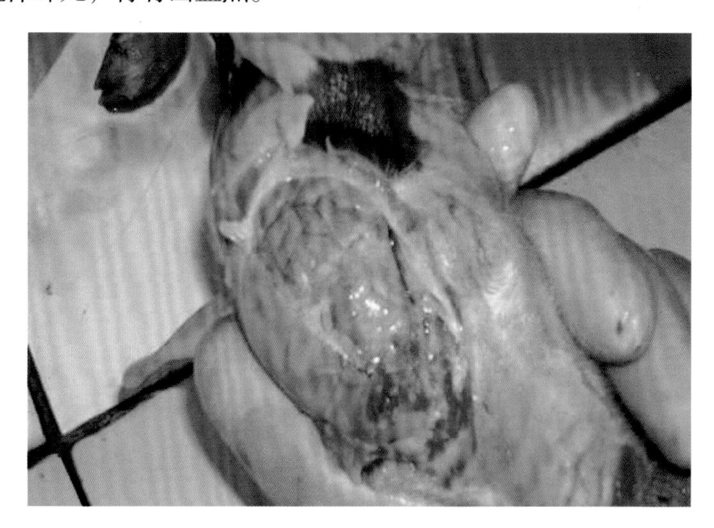

脑膜充血和出血

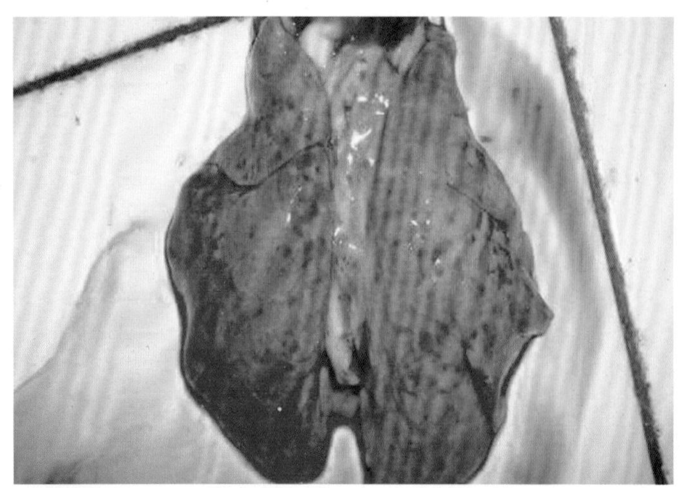
肺脏出血

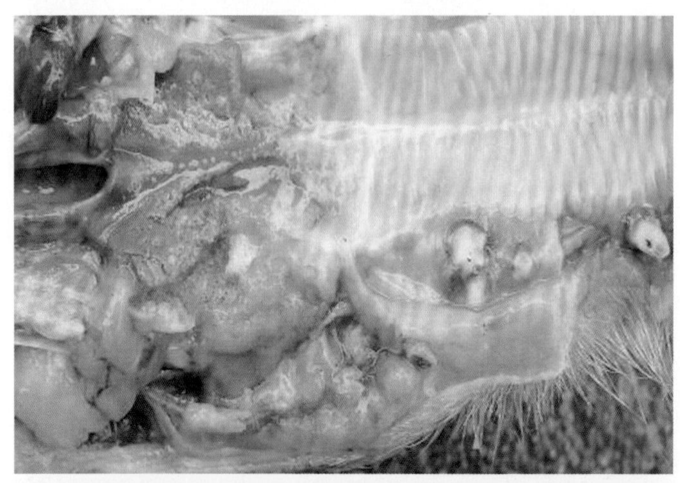
仔猪扁桃体坏死

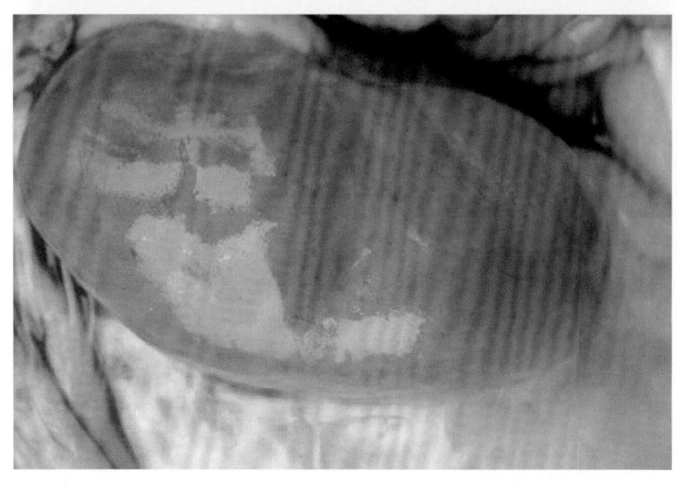
仔猪肾有出血点

（五）诊断

根据临床症状和流行病学可作出初步诊断，确诊需进行实验室检查。采取家兔

接种试验、病毒中和试验或直接免疫荧光试验检查病原，也可采用 gE-ELISA 检测野毒抗体。

（六）防控措施

经常灭鼠。用5%石炭酸、2%氢氧化钠、次氯酸钠等消毒猪舍。采用伪狂犬病疫苗免疫接种，目前常用弱毒苗、灭活苗及基因缺失苗（首选缺失 gE 糖蛋白的基因工程苗）。

七、猪流行性乙型脑炎

流行性乙型脑炎，又称日本乙型脑炎（简称乙脑），是由病毒引起的，以蚊虫为主要传播媒介的人畜共患病，能够导致母猪流产、死胎，公猪睾丸炎。

（一）病原

流行性乙型脑炎病毒（JEV）属黄病毒科、黄病毒属，2%火碱、3%来苏儿水、碘酊、甲醛等都能迅速灭活该病毒。

（二）流行特点

本病主要通过蚊虫叮咬传播，所以具有明显的季节性，有90%病例发生在7~9月。猪是乙脑病毒主要的增殖宿主和传染源，通过“蚊—猪—蚊”循环乙脑病毒不断扩散。

（三）临床症状

猪感染乙型脑炎时，体温升高到40~41℃，食欲减少或废绝。粪便干燥呈球状，附着白色黏液。仔猪感染表现神经症状，如磨牙、转圈、口流白沫等。妊娠母猪发生流产，产死胎或木乃伊胎。公猪单侧性睾丸肿胀，性欲减退。

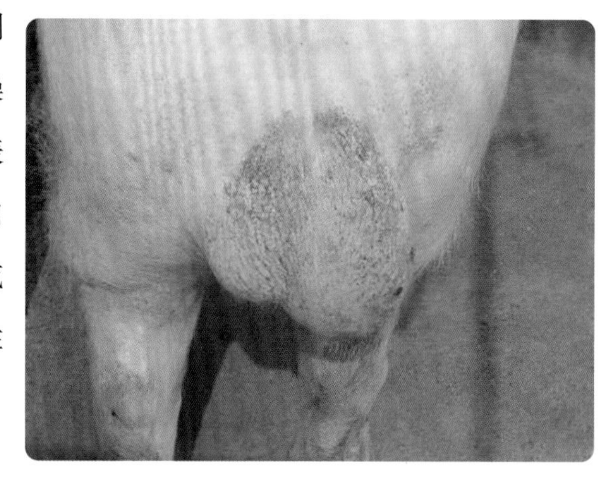

公猪睾丸炎

（四）病理变化

早产仔猪多为死胎，大小不一，小的干缩而硬固，中等大的茶褐色、暗褐色。死胎和弱仔的主要病变是脑水肿，脑脊髓液增多，脑内容物不成形。出生后存活的仔猪，伴有震颤、抽搐、癫痫等神经症状，剖检多见脑内水肿，肝脏、脾脏、肾脏等有多发性坏死灶。

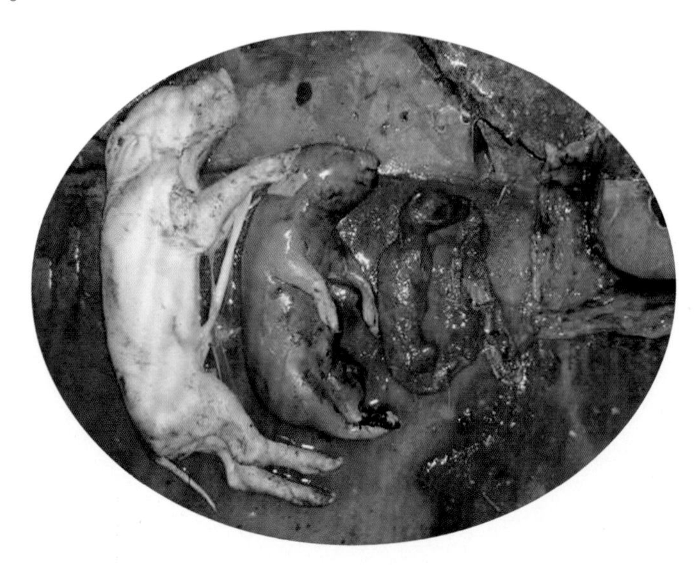

死于不同日龄的胎儿

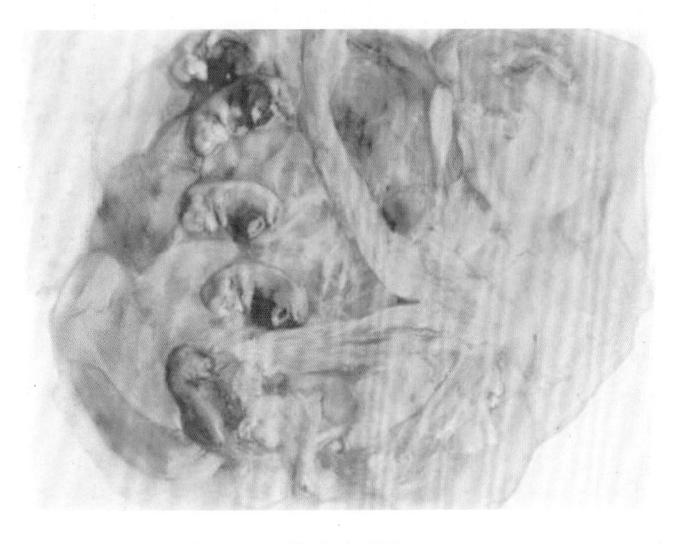

早期流产胎儿

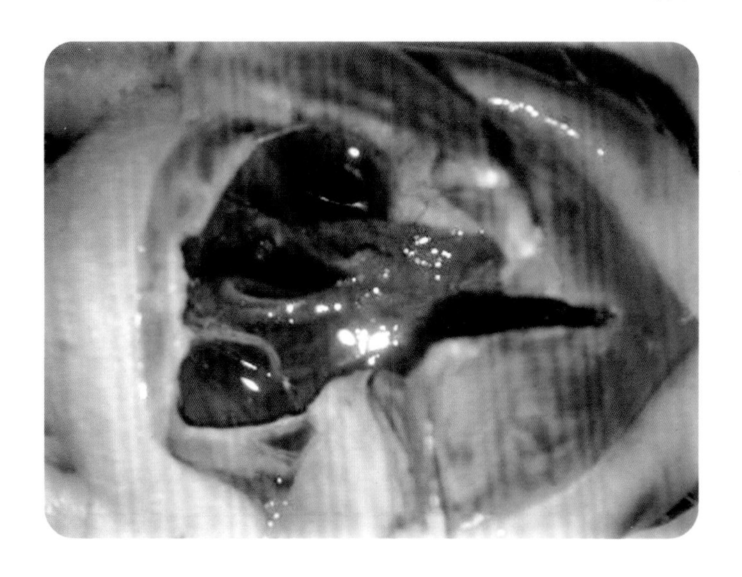

脑内容物不成形

（五）诊断

根据流行病学、临床症状、病理变化及实验室检查综合分析，才能确诊本病。在血清学诊断中，常用荧光抗体法、ELISA、反向间接血凝试验和免疫酶组化染色法等。

（六）防控措施

预防流行性乙型脑炎，应从畜群免疫接种和消灭传播媒介两方面着手。易感猪群可免疫乙型脑炎疫苗，在当地流行开始前 1 个月内完成接种。搞好畜舍卫生，强化粪便污水无害化处理，进行环境消毒。

八、猪传染性肠胃炎

猪传染性胃肠炎（TGE）是由传染性胃肠炎病毒引起的高度接触性肠道传染病，以剧烈腹泻、呕吐、胃肠黏膜脱落为主要特征。

（一）病原

猪传染性胃肠炎病毒（TGEV）属于冠状病毒科，耐低温，对热敏感。

（二）流行特点

本病有明显的季节性，冬春天气变化较大（即 11 月至翌年 4 月）时发病最多，夏季发病最少。各年龄猪都可感染，5 周龄以下猪的死亡率很高。

（三）临床症状

10 日龄以下仔猪呕吐，严重者腹泻、死亡率高；保育期仔猪发育不良，断奶后发育迟缓；成年猪、育肥猪症状较轻，出现一过性灰色或褐色水样腹泻，一般 3 ~ 7 天恢复，极少死亡。

仔猪呕吐物

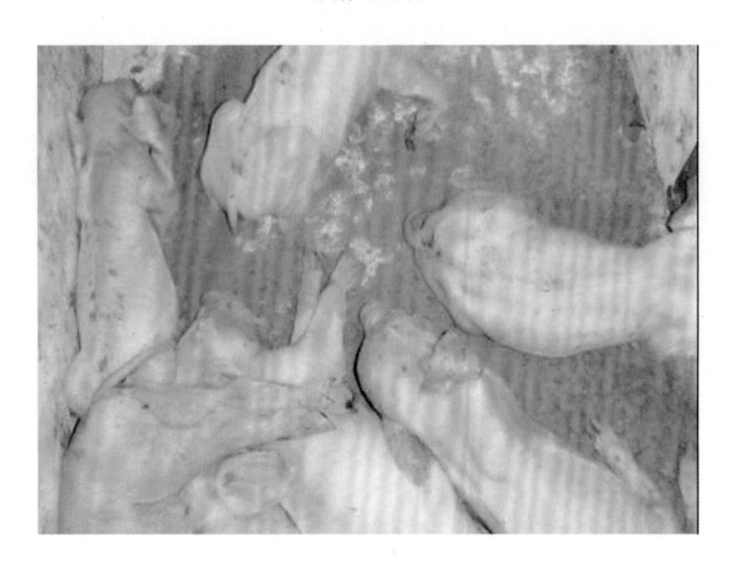

仔猪腹泻

保育猪发育不良

断奶仔猪发育迟缓

育肥猪水样腹泻

（四）病理变化

本病的病理变化主要在消化系统，小肠内充满白色至黄绿色液体，肠壁菲薄，肠系膜充血，淋巴结肿胀。

（五）防控措施

本病有明显的季节性，寒冷季节多发、传播迅速。各年龄猪都可感染发病，表现呕吐、水样腹泻和脱水等。寒冷季节做好保温及生物安全工作，对发病猪提供充足的饮水和营养，进行疫苗免疫。

九、猪轮状病毒病

猪轮状病毒病是一种高度接触性肠道传染病，以猪迅速发生腹泻等为主要特征。

（一）病原

病原为轮状病毒，主要存在于病猪的肠道内，排出而感染其他猪。病毒对外界因素的抵抗力较强，半年后仍有感染性。

（二）流行特点

本病潜伏期18～19小时，呈地方流行性。各年龄猪都有可能感染，以60日龄以内的仔猪多发，发病率为50%～80%。

（三）临床特征

本病以厌食、呕吐、下痢为主要特征。病猪精神委顿，食欲减退，常有呕吐，迅速发生腹泻，粪便呈水样或糊状，黄白色或暗黑色。腹泻愈久，脱水愈明显。仔猪发热怕冷，扎堆。环境温度下降和继发大肠杆菌病，常加重症状，导致猪死亡率增高。

病猪常有呕吐

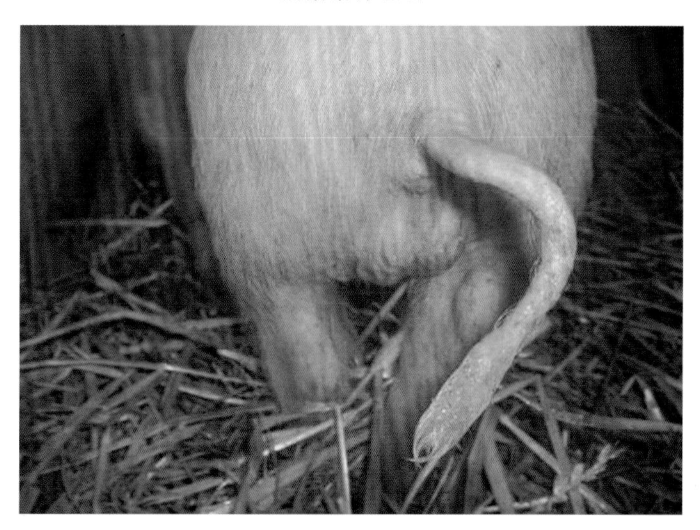

仔猪腹泻、脱水

发病仔猪扎堆

（四）病理变化

胃内充满凝乳块，小肠胀气，肠壁菲薄，呈半透明状，有时发生弥漫性充血，内容物黄色水样且含有未充分消化的凝乳块。

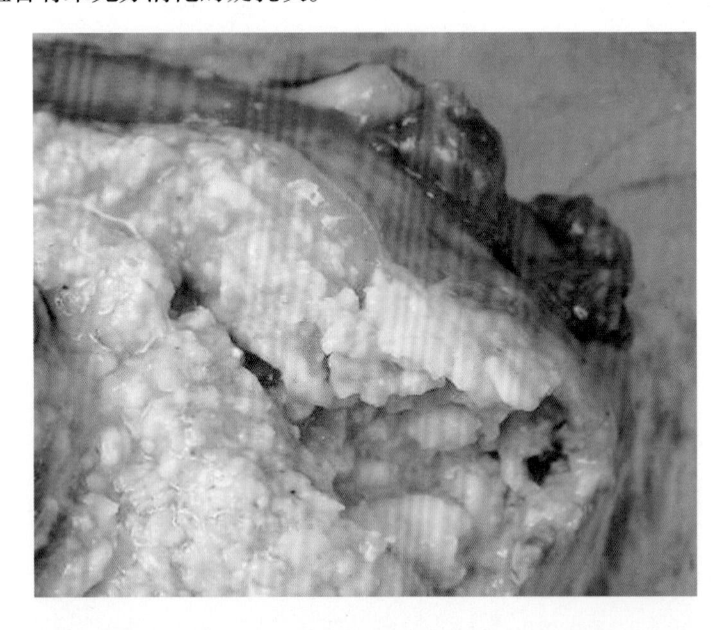

胃内充满凝乳块

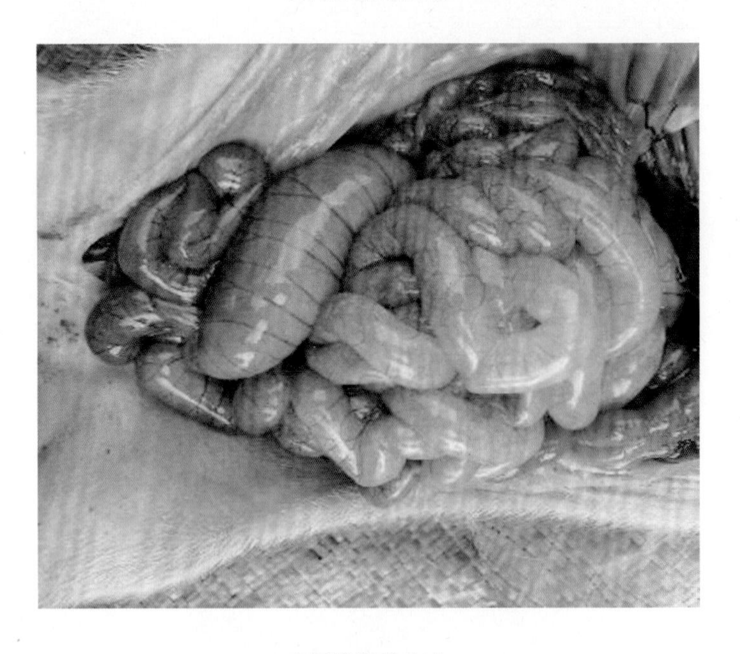

小肠弥漫性充血

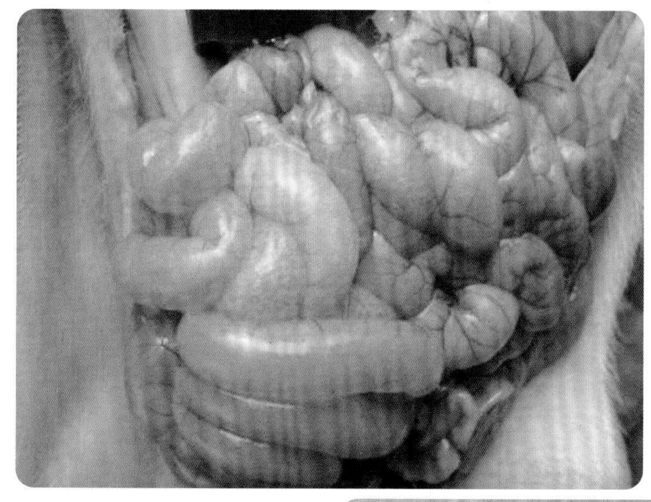

肠壁菲薄，呈半透明状

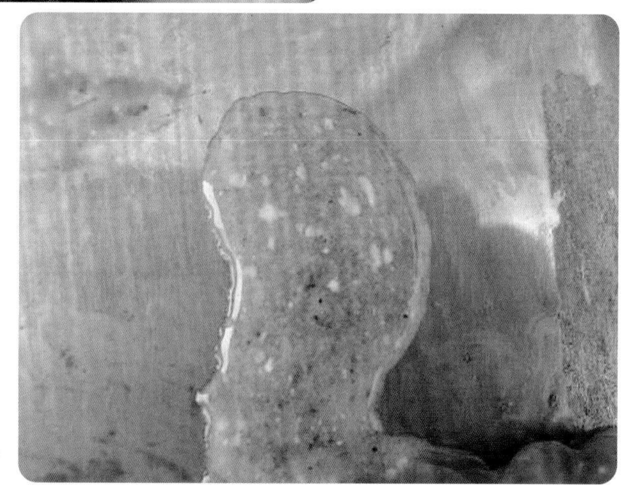

肠内容物黄色水样且有凝乳块

（五）防控措施

对发病猪宜对症施治，可投用收敛止泻药剂和抗菌药物，保持充足饮水及酸碱平衡。预防主要通过给母猪免疫注射轮状病毒活疫苗，提高初乳免疫力。

十、猪流行性感冒

猪流行性感冒，简称猪流感，临床表现为咳嗽、流涕、呼吸困难、高热，是人畜共患病。

（一）病原

猪流感病毒为正黏病毒，主要包括 H1N1、H3N2 和 H1N2。

（二）流行特点

各年龄、品种猪都有易感性，天气多变的秋末、早春和寒冷冬季易发病。本病传播迅速，常呈地方性流行或大流行。本病发病率高，死亡率低（4%～10%）。病猪和带毒猪是猪流感的主要传染源，痊愈猪带毒6～8周。

（三）临床症状

病猪发热，食欲减退或废绝；呼吸困难，剧烈咳嗽，眼鼻流出黏液，眼睑肿胀充血；皮肤发红，体温升高达40.0～41.5℃。

病猪突然发热，食欲减退或废绝，传染迅速

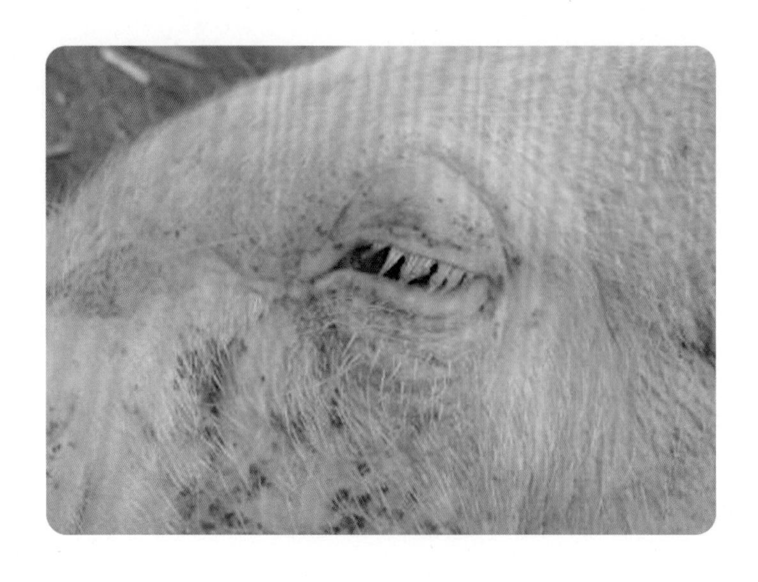

眼睑肿胀，流泪

眼结膜充血、潮红

（四）病理变化

猪流感的病理变化主要在呼吸道，鼻、咽、喉、气管和支气管的黏膜充血、肿胀，附着黏液，小支气管和细支气管内充满泡沫样渗出液。胸腔、心包腔蓄积大量混有纤维素的浆液。肺脏由红至紫，塌陷、坚实，韧度似皮革。脾脏肿大，淋巴结肿大多汁。

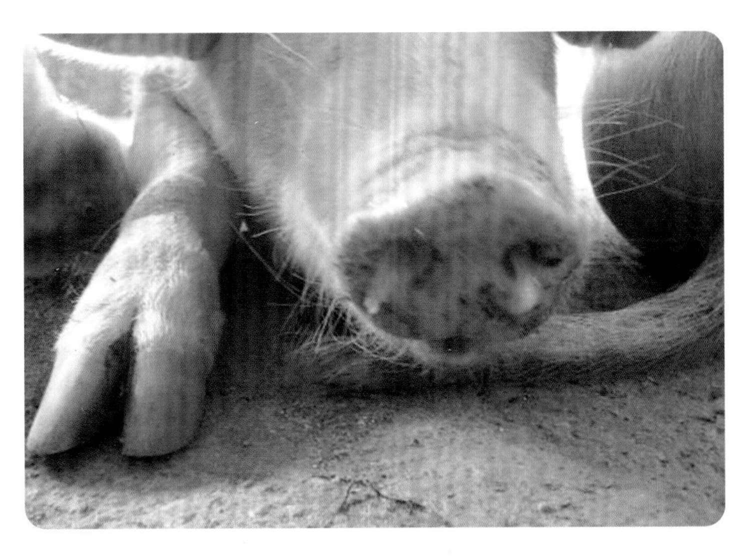

鼻腔流出黏液样鼻汁

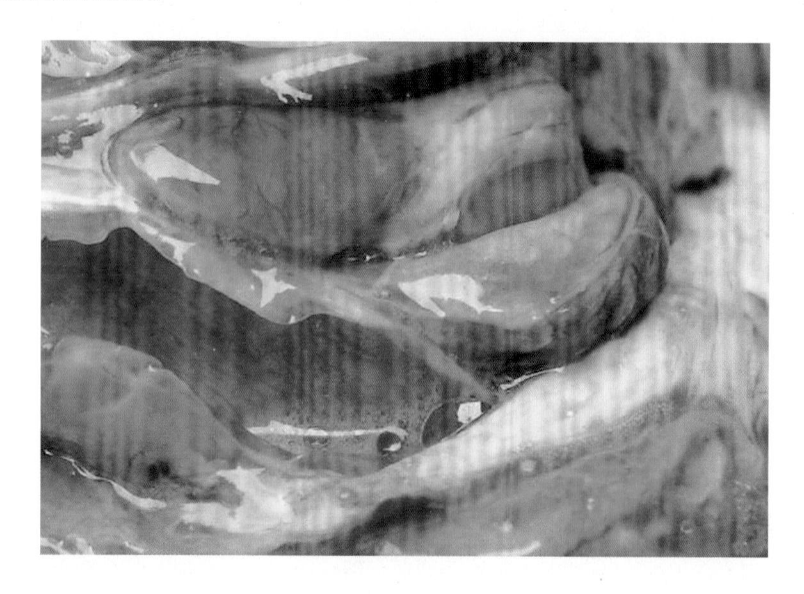

气管内有泡沫状液体

（五）诊断

根据流行病史、发病情况、临床症状和病理变化，可作出初步诊断。实验室确诊可采集血样和组织器官，应用免疫荧光抗体技术（IFA）、反转录—聚合酶链反应技术（RT－PCR）进行检测。注意本病与猪喘气病的鉴别诊断。

（六）防控措施

加强饲养管理，定期消毒，对病猪要早发现、早治疗，清热解毒的中草药制剂疗效较好。对病死猪进行无害化处理，疑似病猪一律焚烧深埋后再消毒。

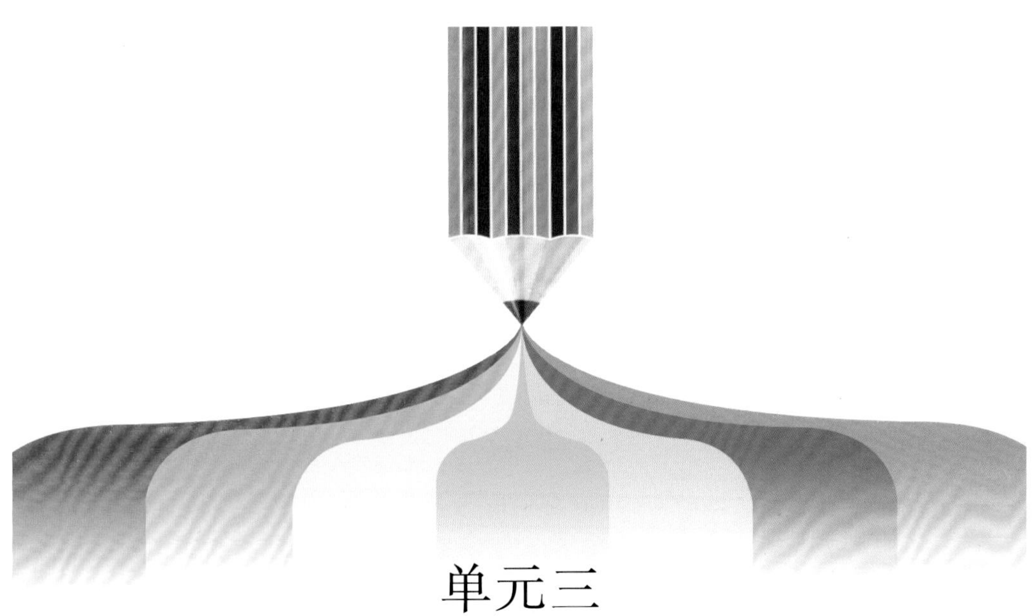

单元三
猪细菌病

单元提示

1. 猪增生性肠炎
2. 副猪嗜血杆菌病
3. 猪链球菌病
4. 猪传染性萎缩性鼻炎
5. 猪大肠杆菌病
6. 猪传染性胸膜肺炎
7. 仔猪渗出性皮炎
8. 猪丹毒
9. 猪钩端螺旋体病
10. 猪附红细胞体病

一、猪增生性肠炎

猪增生性肠炎（PPE）是一种由细胞内劳森菌引起的接触性传染病，近年来世界各国日渐重视，又名坏死性肠炎、增生性出血性肠病、回肠炎等。

（一）病原

细胞内劳森菌为革兰阴性杆菌，可在5～15℃的环境中存活至少1～2周，对季铵类消毒剂和含碘消毒剂敏感。

（二）流行特点

本病发病率为0.7%～30%，常呈隐性感染。病猪和带菌猪的粪便中含有细菌，污染外界环境、饲料和饮水，健康猪经消化道感染。如天气突变、混群或转群、长途运输、饲养密度过大等应激因素，均可诱发本病。

（三）临床症状

本病分为急性型与慢性型两种。急性型通常发生于后备种猪及育成猪，以及部分经产母猪。病猪呈暴发性、散发性发病，排黑色（隐血）或暗红色粥样粪便，病死猪和同群中病猪皮肤苍白。一般慢性型回肠炎发生于20～50千克体重的猪，临床症状轻微，仅食欲减退，皮肤苍白，粪便不成形、变稀，有时混有血液。

（四）病理变化

病变出现在回肠、盲肠及结肠前部，可见小肠末端和结肠螺旋前端肠壁增厚，呈深褶状。切开病变组织外翻，肠黏膜变厚、坏死，内容物呈黄灰色糊状，有的呈线状溃疡，大肠回旋部充满血液。部分病猪肠系膜淋巴结肿大、出血。

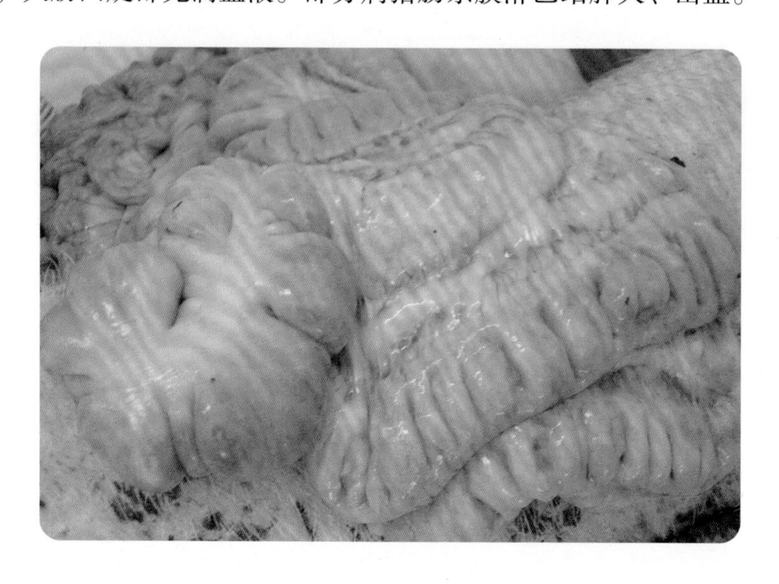

结肠肠壁增厚

肠内容物呈黄灰色糊状

结肠黏膜呈线状溃疡

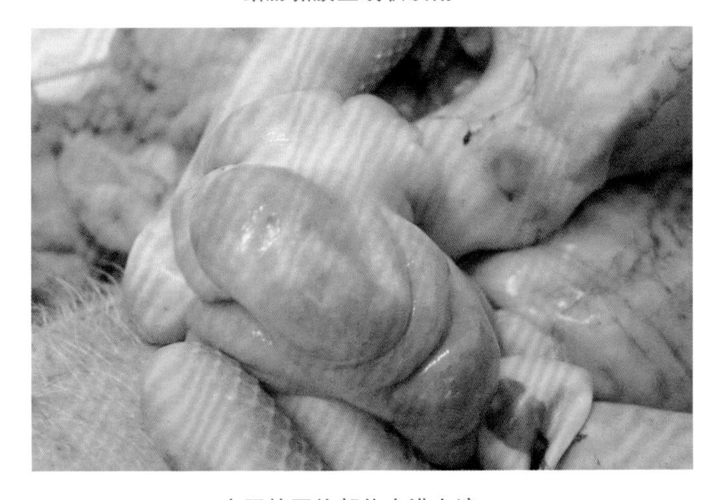

大肠的回旋部位充满血液

肠系膜淋巴结肿大、出血

（五）诊断

病理学诊断主要依据小肠或结肠增生的黏膜上皮细胞内检出劳森菌。PCR 可检出患猪粪便中的细菌，虽然有 97% 的特异性，但敏感性差异很大。免疫组化试验（IHC）比 PCR 的结果更可靠、敏感性更高，能检出早期或慢性、坏死性或自体溶解病变中的细菌。注意本病与沙门菌病、传染性胃肠炎、流行性腹泻等的鉴别诊断。

（六）防控措施

在饲料中添加 30～40 毫克/千克，或饮水添加 0.006% 泰妙菌素，可有效预防该病。发现病例，可用泰乐菌素 100 毫克/千克拌料饲喂。减少外界环境的不良刺激，提高猪的抗病力。采用“全进全出”的饲养制度，对空猪舍（栏）彻底冲洗和消毒。目前已经有商品化疫苗上市，可对易感猪群进行免疫接种。

二、副猪嗜血杆菌病

副猪嗜血杆菌病（HPS）可导致纤维素性肺炎、腹膜炎及多发性关节炎等，已成为影响世界养猪业的重要疫病之一。

（一）病原

副猪嗜血杆菌属巴氏杆菌科、嗜血杆菌属，革兰染色呈阴性，有短杆状、长杆状、丝状。

（二）流行特点

副猪嗜血杆菌是上呼吸道的常在微生物，是一种条件致病菌。本病可以并发或继发于猪蓝耳病、圆环病毒病、猪瘟等，使疫情复杂化，经济损失加重。2 周龄至 4 月龄猪均可发病，5 ~8 周龄的仔猪多发。猪群遇到应激因素易暴发本病，发病率为 10% ~15%，病死率 50%。

（三）临床症状

病猪发热、食欲不振，呼吸困难、咳嗽；关节肿胀，有积液或干酪样物质，皮肤发红，消瘦，被毛凌乱。

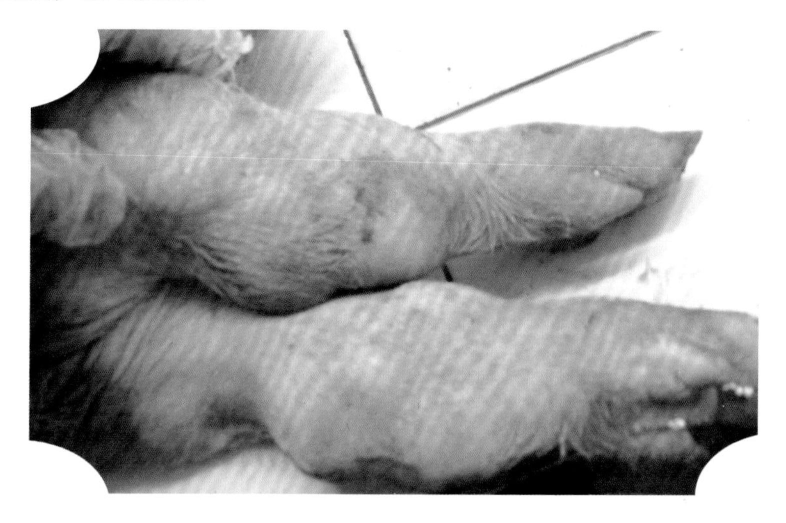

关节肿胀

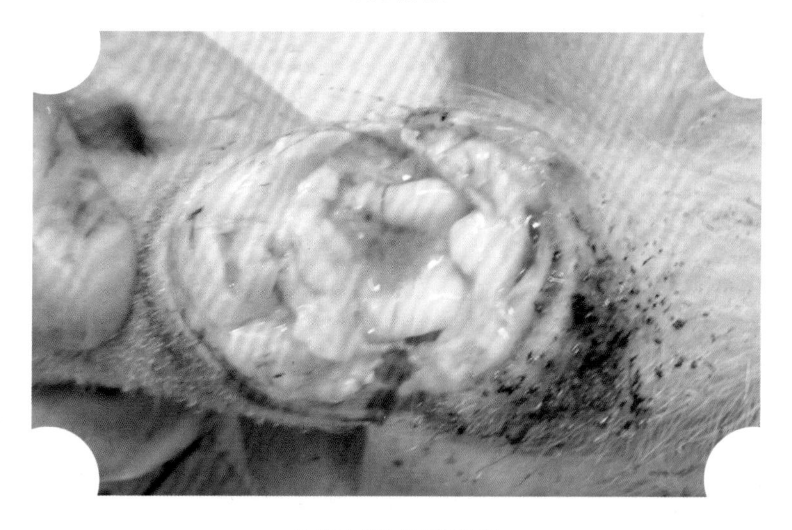

关节内有干酪样物质

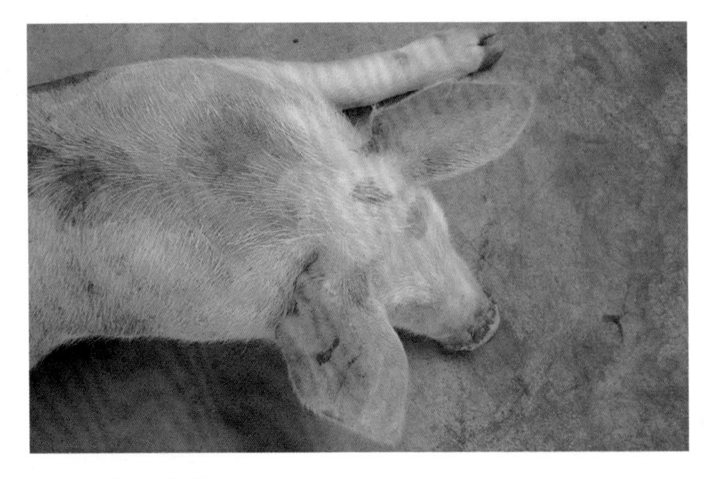

皮肤发红

（四）病理变化

剖检以纤维素性肺炎、腹膜炎、心包炎和脑膜炎为特征。

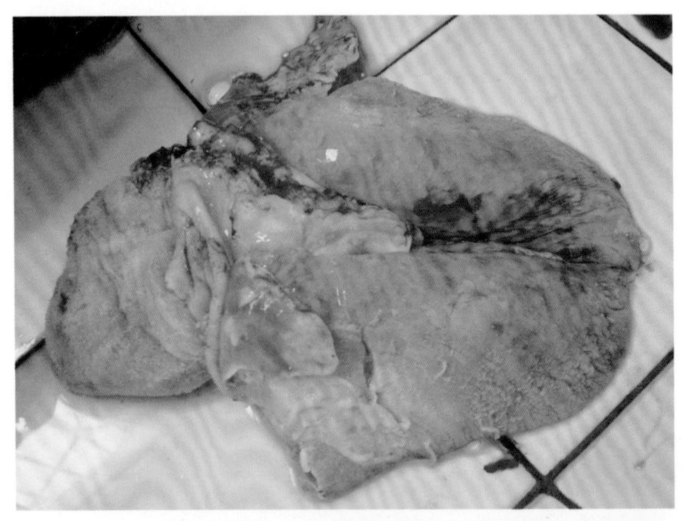

纤维素性肺炎

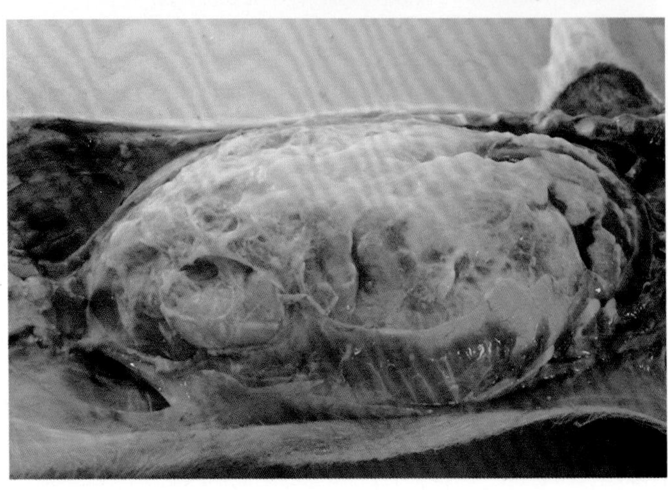

腹膜炎

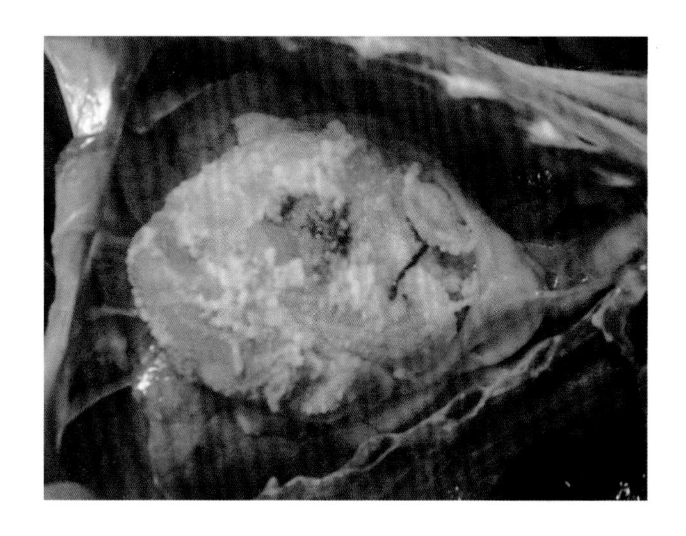

心包炎

（五）诊断

补体结合试验、间接血凝试验、酶联免疫吸附试验已用于检测副猪嗜血杆菌的抗体。现已建立的 PCR 诊断方法，进一步提高了从临床样品中检测副猪嗜血杆菌的灵敏性。

（六）防控措施

加强饲养管理与环境消毒，减少各种应激；疾病流行期间，有条件的猪场在仔猪断奶时可暂不混群，混群时一定要严格把关；注意保温；在猪群断奶、转群、混群或运输前后饮水中加入维生素 C，同时在饲料中添加组合药物。如在仔猪断奶后饲料中添加支原净 100 克/吨 + 金霉素 300 克/吨 + 阿莫西林 250 克/吨，或支原净 100 克/吨 + 强力霉素 200 克/吨。一旦猪群出现临床症状，可肌肉注射头孢菌素、先锋霉素、增效磺胺类药物，但本菌对红霉素、氨基糖苷类、壮观霉素和洁霉素有抵抗力。副猪嗜血杆菌病严重的猪场，可进行免疫接种。

提示　由于副猪嗜血杆菌的血清型多，猪场可选用副猪嗜血杆菌多价灭活苗进行免疫。

三、猪链球菌病

猪链球菌病是由致病性链球菌引起的多种疾病总称，也是重要的人畜共患病。

（一）病原

链球菌呈链状排列，球形，有荚膜，革兰染色呈阳性。链球菌对外界环境抵抗力较强，对一般消毒剂均敏感。

（二）流行特点

本病呈地方流行性，各年龄猪均易感，哺乳仔猪、保育仔猪的发病率和死亡率较高。主要经伤口、呼吸道感染，还可经消化道感染。

（三）临床症状

1. 急性败血型

多呈暴发性流行。病猪体温升至40～42℃，食欲废绝，眼结膜潮红，耳朵、腹下皮肤发红或出现紫斑。后期呼吸困难，1～4天死亡。

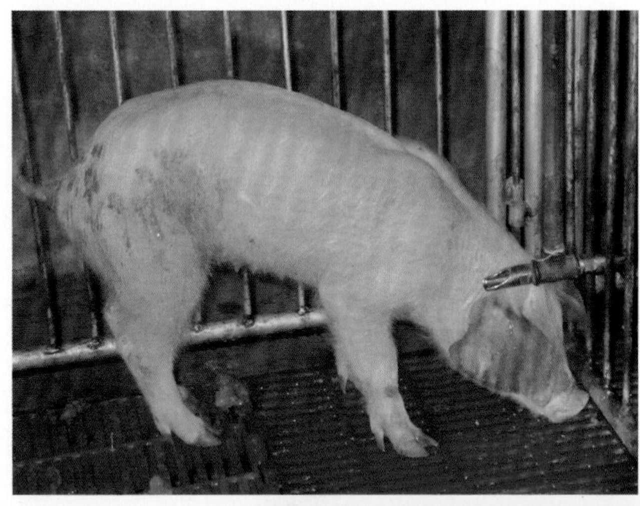

皮肤发红

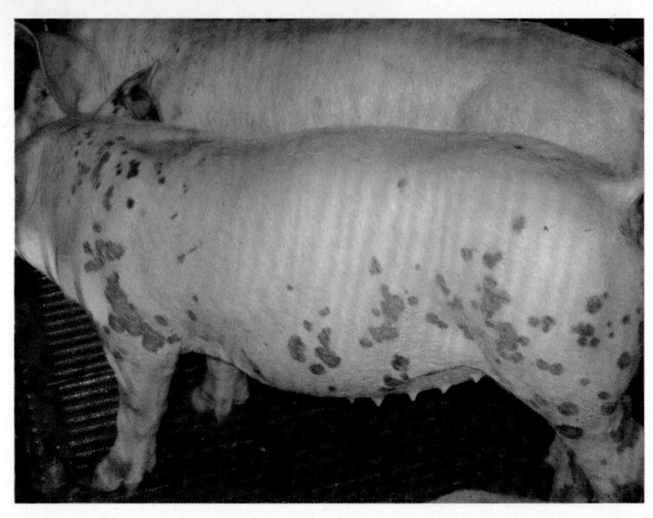

皮肤出现紫斑

2. 脑膜脑炎型

多见于哺乳仔猪和断奶仔猪。病初体温升高达40.5～42.5℃，厌食，鼻流带血

泡沫；继而出现神经症状，四肢共济失调，转圈、磨牙、仰卧、后肢麻痹、跛行，病程 1 ~ 5 天。

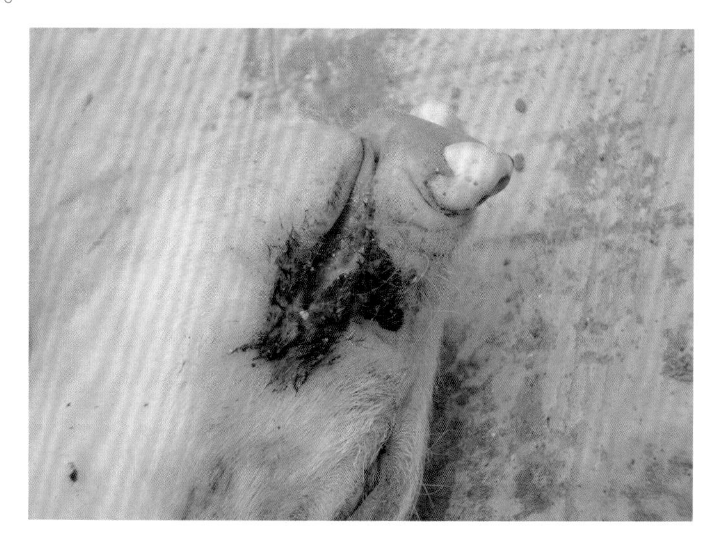

鼻流带血泡沫

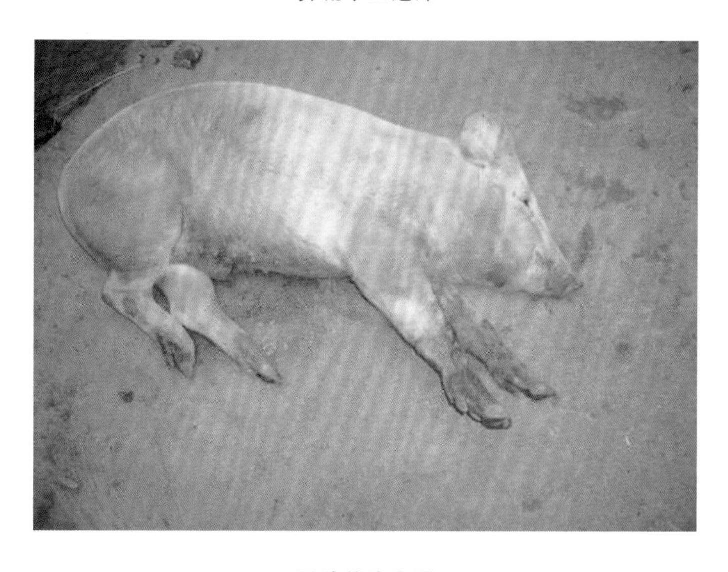

四肢共济失调

3. 关节炎型与淋巴结脓肿型

关节肿胀、疼痛，跛行，重者不能站立。淋巴结脓肿型多见于颌下淋巴结。淋巴结肿胀，成熟后变软，皮肤破溃而流出脓汁。一般呈良性经过，病程 2 ~ 3 周。

（四）病理变化

1. 急性败血型

血液凝固不良，肺肿胀、出血，脾脏、肾脏肿大，全身淋巴结有不同程度的肿大、出血。心肌及心脏内膜出血。腹腔积液，含有絮状纤维素，附着于脏器。

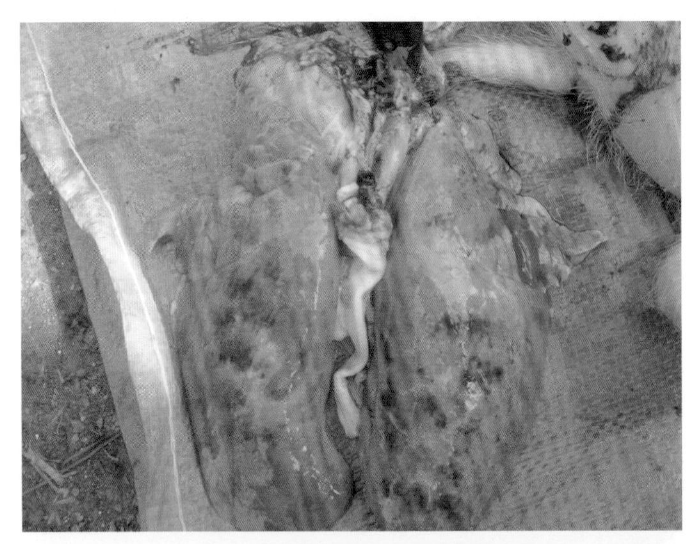

肺脏肿胀、出血

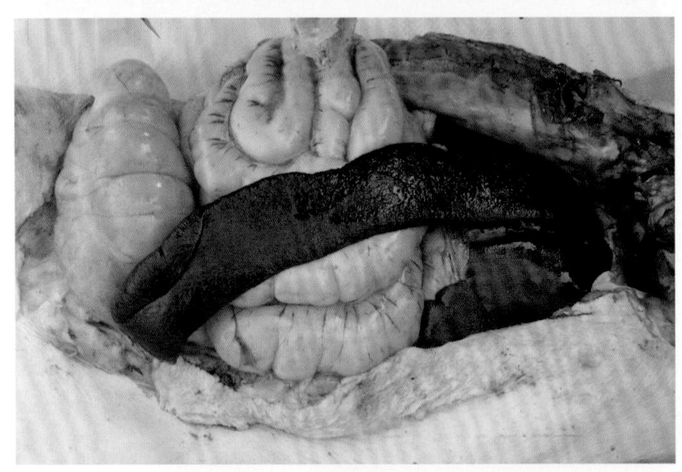

脾脏肿大

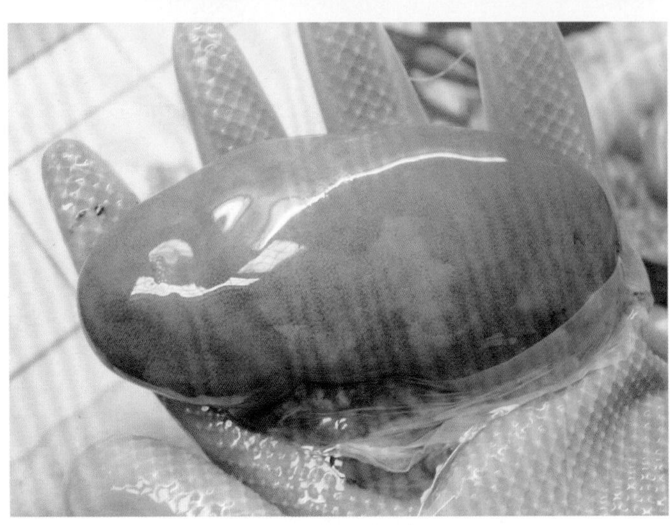

肾脏肿大、淤血

淋巴结肿胀、出血

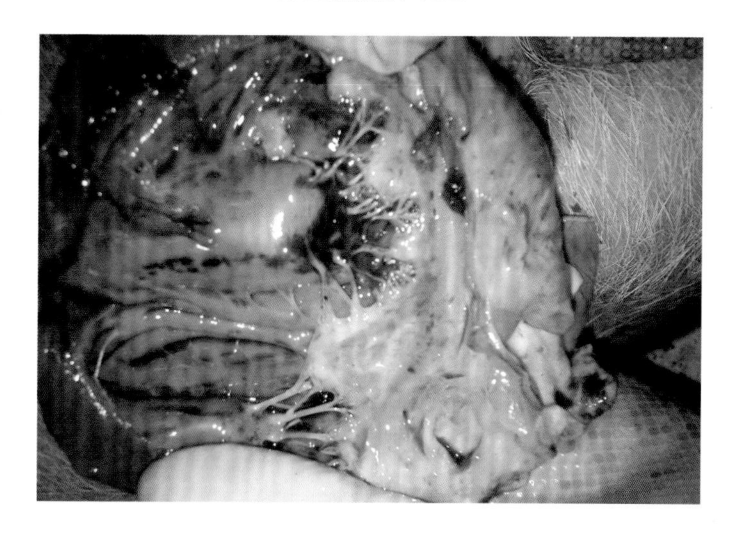

心脏内膜出血

2. 脑膜脑炎型

脑膜充血、出血，严重者溢血，部分脑膜下有积液。

3. 慢性关节炎型

关节皮下有胶冻样水肿，关节囊内有黄色胶冻样或纤维素性渗出物。

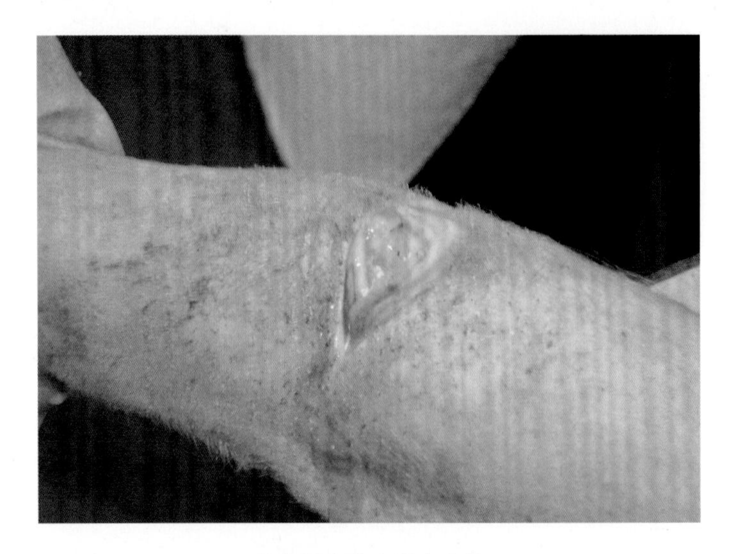

关节囊有胶冻样内容物

（五）诊断

本病症状和病变较复杂，易与急性猪丹毒、急性猪瘟、李氏杆菌病混淆，确诊要进行实验室检测。用病猪的血液或器官涂片、染色镜检，如发现单个或呈短链的革兰阳性球菌，即可确诊。生化试验：取上述病料接种于血液琼脂平皿，37℃培养 24～48 小时，可见 β 溶血的细小菌落，取单个的纯菌落进行生化试验和生长特性鉴定。

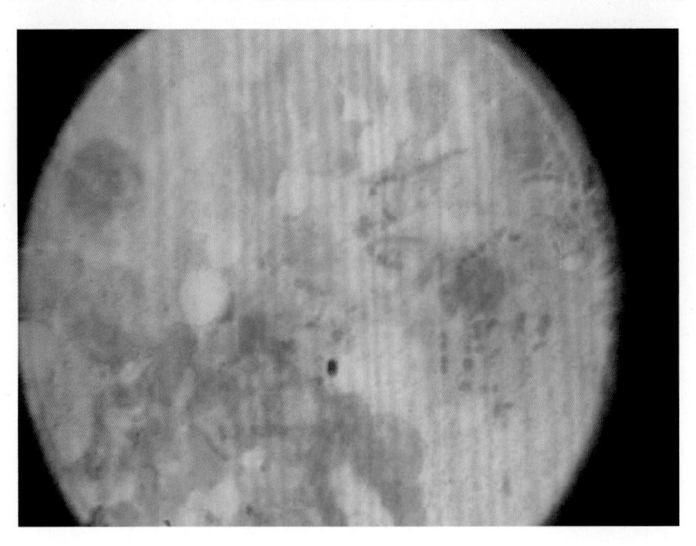

脾脏切面涂片，染色可见链球菌

（六）防控措施

做好猪舍卫生和消毒工作。目前已有商品猪链球菌疫苗，但由于链球菌血清多，疫苗效果不理想。如能分离细菌，制备自家菌苗，效果最佳。

一旦发病，全群猪都要在饲料中添加敏感药物，防止继续传播而造成更大的损失。有条件要作药敏试验，选择敏感药物治疗。用大剂量青霉素，氨苄青霉素，先锋Ⅳ、Ⅴ、Ⅵ，小诺霉素和磺胺嘧啶，磺胺六甲氧，磺胺五甲氧早期治疗，有一定的疗效。

四、猪传染性萎缩性鼻炎

猪传染性萎缩性鼻炎（AR）是一种由细菌混合感染引起的呼吸道慢性疾病。病猪临床特征为慢性鼻炎、眼结膜炎、颜面部变形、鼻甲骨萎缩和生长迟缓。

（一）病原

病原由两种细菌组成，分别为支气管败血波氏杆菌和产毒素的多杀性巴氏杆菌，均为革兰阴性短小杆菌。

（二）流行特点

各年龄的猪都可感染本病，常发于6～8周龄的猪。出生后几天至几周内的仔猪感染后，容易引起鼻骨萎缩；较大的猪发生卡他性鼻炎和咽炎。本病主要经飞沫，通过呼吸道传染健康猪。特别是母猪患本病时，易传染仔猪。

（三）临床症状

病猪初期打喷嚏、流鼻涕、咳嗽，鼻中流出浆液性或脓性分泌物，有时可见鼻流血。同时病猪眼角不断流泪，形成一个半月形的泪痕，呈褐色或黑色，俗称“黑斑眼”。随着病程发展，病猪鼻子歪斜。本病一般不造成死亡，但病猪生长迟缓或停滞。

（四）病理变化

把猪的第一、二臼齿之间锯成横断面，可见到鼻甲骨萎缩，卷曲变小而钝直，或卷曲消失，甚至形成空洞，鼻中隔弯曲。

（五）诊断

根据流行特点、临床症状和病理变化可作出初步诊断，必要时可进行病原的分离和鉴定，也可用平板凝集试验进行血清学诊断。

（六）防控措施

执行兽医卫生措施，严防购进病猪或带菌猪。对种母猪和仔猪用猪萎缩鼻炎灭活苗免疫接种。在疫区商品猪场可选用土霉素、泰乐菌素或磺胺类药，在母猪产前1个月至断奶期间添加到饲料中。

鼻腔出血

鼻梁歪斜

五、猪大肠杆菌病

猪大肠杆菌病是由病原性大肠杆菌所引起，常见的有仔猪黄痢、仔猪白痢和水

肿病3种。

（一）仔猪黄痢

仔猪黄痢，又称早发性大肠杆菌病，是1～7日龄仔猪易发生的，一种急性、高度致死性的肠道传染病。临床上以剧烈腹泻，排黄色或黄白色水样稀便，迅速脱水死亡为特征。

1. 流行特点

一般本病没有季节性，寒冬和炎夏、潮湿多雨季节多发。头胎母猪所产仔猪发病最为严重，随着胎次增加，仔猪发病逐渐减轻。新生仔猪24小时内最易感染发病，最迟不超过7天。

2. 临床特征

病猪最初突然腹泻，排出稀薄如水样、黄色至灰黄色粪便，混有小气泡并有腥臭味。随后腹泻愈加严重，数分钟即泻一次。病猪口渴、脱水，但无呕吐现象，最后昏迷死亡。

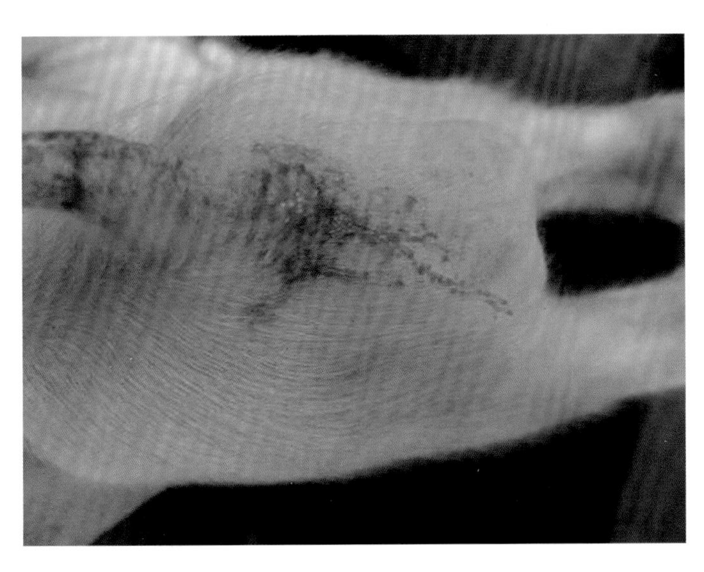

病猪排黄色稀粪

3. 病理变化

最显著病变为肠道的急性卡他性炎症，以十二指肠最严重。胃膨胀，内部充满酸臭的凝乳块，胃底部黏膜潮红。肠壁变薄，黏膜和浆膜充血、水肿，肠腔内充满腥臭、黄色或黄白色稀薄内容物。

4. 防控措施

加强饲养管理，保温和防潮。母猪分娩时专人守护，母猪乳头用0.1%高锰酸钾溶液清洗干净。产前、产后各一周在母猪饲料中拌入利高霉素预混剂，有良好的预防本病作用。大肠杆菌易产生抗药菌株，要交替用药，如果条件允许，最好作药敏性试验后再选择用药。

（二）仔猪白痢

仔猪白痢是由大肠杆菌引起的，10～30日龄仔猪多发的急性消化道传染病。以排腥臭、灰白色粥样稀便为主要特征，发病率高，死亡率低。

1. 流行特点

一般本病发生于10～30日龄仔猪，7日龄以内和30日龄以上的仔猪很少发生。本病的发生与各种应激有关，如没有及时给仔猪吃初乳，母猪奶量过多、过少与奶脂过高，母猪饲料突然更换或配合不当，圈舍污秽，冬春季节气温骤变、阴雨连绵或保温不良等。

2. 临床特征

病猪突然发生腹泻，排出白色、灰白色以至黄色，粥状、腥臭、黏腻的粪便，一般体温和食欲无明显变化。病猪逐渐消瘦，发育迟缓，拱背，行动迟缓，皮毛粗糙无光、不洁，病程2～3天，易自愈。

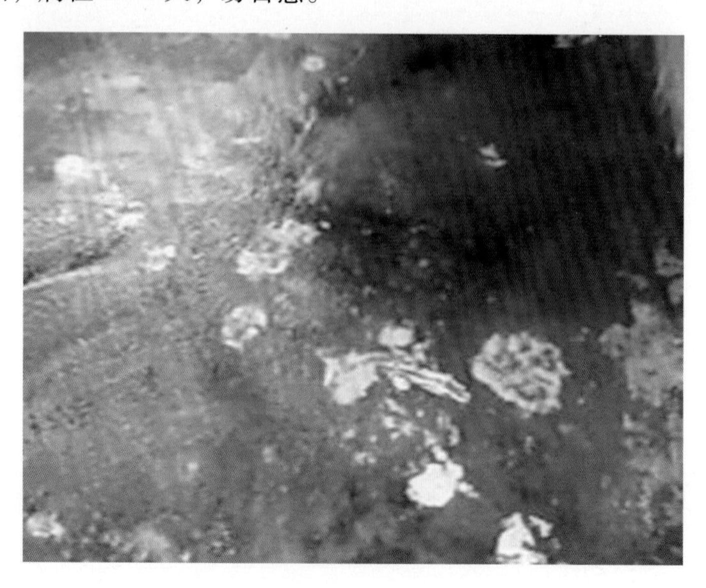

病猪排白色稀粪

3. 病理变化

病猪消瘦、脱水，主要病变位于胃和小肠前部，胃内有少量凝乳块。部分肠黏膜充血，肠壁变薄而呈半透明状，肠黏膜易剥离；肠内空虚，含大量气体和少量稀薄、黄白色、酸臭味粪便。肠系膜淋巴结水肿。

4. 防控措施

参照黄痢的治疗方法。

（三）仔猪水肿病

仔猪水肿病是由溶血性大肠杆菌毒素引起，以断奶仔猪眼睑或其他部位水肿，表现神经症状为主要特征。

1. 流行特点

本病多发于断奶后 1 ~2 周龄肥胖仔猪，气候突变和阴雨后多发，发病率 5% ~30%，死亡率达 90% 以上。发育过快的仔猪发病率和死亡率高。另外，水肿病多发生在饲料比较单一，缺乏矿物质（硒）和维生素（B 族及 E）的猪群。

2. 临床症状

发病仔猪眼睑或结膜及其他部位水肿，盲目行走或转圈，共济失调，口吐白沫，叫声嘶哑；进而倒地抽搐，四肢划动呈游泳状；逐渐后躯麻痹，卧地不起，昏迷死亡。

仔猪眼睑水肿

3. 病理变化

全身多处组织水肿，特别是胃壁、结肠系膜、眼睑和面部以及颌下淋巴结水肿是本病的特征。胃底区黏膜下有厚层的透明带，有时有带血的胶冻样水肿物浸润，使黏膜层和肌层分离。结肠系膜胶冻状水肿，充满于肠袢间隙。此外，大肠壁、全身淋巴结、眼睑和头颈部皮下也有不同程度的水肿。

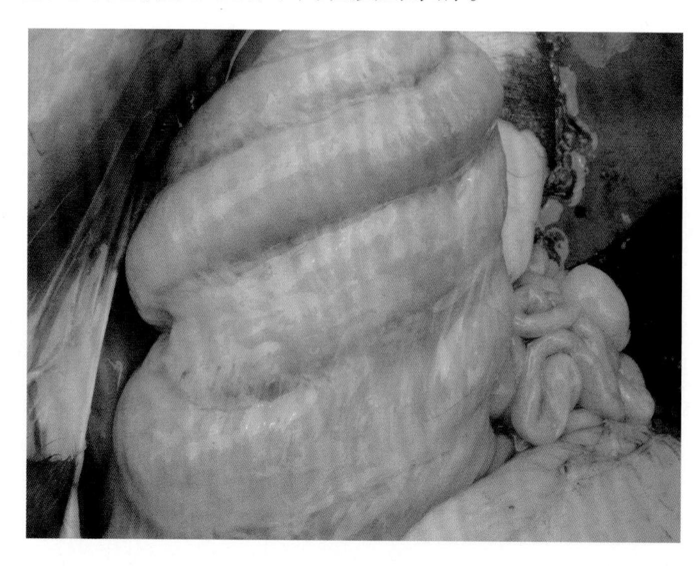

肠系膜水肿

皮下水肿

4. 防控措施

加强饲料管理，缺硒地区仔猪断奶前补硒，适当搭配一些青绿饲料，防止日粮

中蛋白质含量过高。仔猪断奶前 7 ~ 10 天，用猪水肿多价浓缩灭活菌苗肌肉注射 1 ~ 2毫升，可预防本病。治疗可选用头孢类药物、小诺霉素及维生素 B_{12}，肌肉注射，12 小时一次；或口服利尿素；或肌肉注射速尿。

六、猪传染性胸膜肺炎

猪传染性胸膜肺炎，急性和亚急性病例以纤维素性出血性胸膜肺炎为主要特征，慢性病例以纤维素性坏死性胸膜肺炎为主要特征。

（一）病原

病原为胸膜肺炎放线杆菌（APP），是有荚膜的小球杆菌，革兰阴性，生长需要 V 因子。迄今已发现 15 个血清型，我国以 1、3、7 型为主。

（二）流行特点

病猪和带菌猪是本病的传染源，主要通过呼吸道或接触传染。气温剧变、潮湿、通风不良、饲养密集、管理不善时本病多发，一般无明显季节性。6 周龄后的生长育肥猪发病率较高。

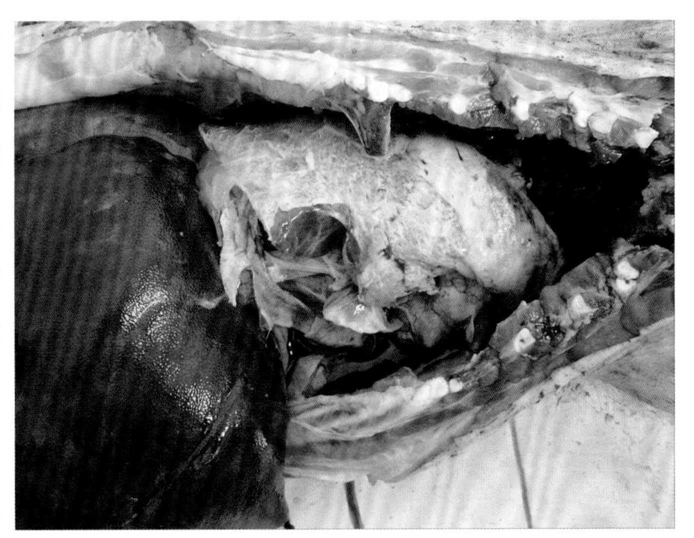

肺脏纤维素性渗出物

（三）临床症状

急性型，病猪精神沉郁，食欲不振或废绝，体温 40.5 ~ 41.5℃；呼吸困难，气喘和咳嗽，鼻部可见明显出血。病情稍缓，猪通常于发病后 1 ~ 3 天死亡。亚急性型或慢性型，常由急性型转变而来，体温不升高或略有升高，阵咳或间断性咳嗽。

（四）病理变化

剖检主要表现肺炎和胸膜炎，急性型多为两侧性肺炎，纤维素性胸膜炎明显。亚急性型和慢性型可见纤维素性肺炎，肺与胸膜粘连，严重的肺与心包粘连，胸腔积水。

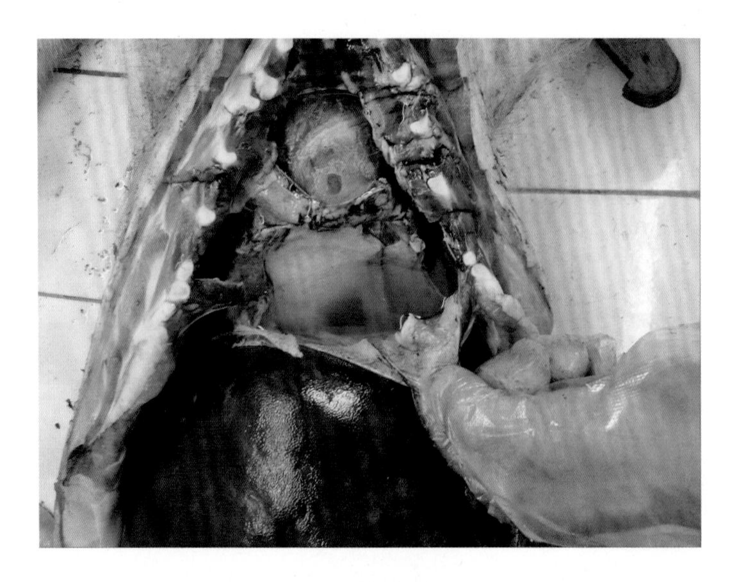

肺与心包粘连

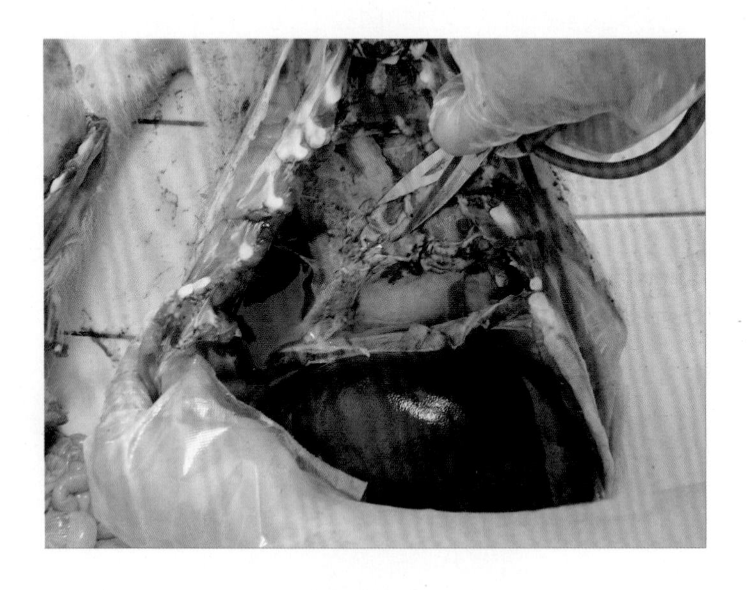

胸腔积水

（五）诊断

根据流行病学、临床症状和剖检变化，可作出初步诊断。确诊需进行病原学诊断，如补体结合反应、ELISA、间接血凝等，也可采用 PCR 方法扩增。注意本病与猪支原体肺炎、副猪嗜血杆菌病及蓝耳病的鉴别诊断。

（六）防控措施

1. 免疫接种

选用疫苗应与当地流行的菌株血清型匹配；或制备自家苗或组织苗，配合药

物，能很好地控制该病，对血清型不明的猪场尤为有效。

2. 药物预防

猪胸膜肺炎放线杆菌对头孢噻呋、替米考星、先锋霉素等药物较为敏感。猪场应有计划地定期轮换敏感药物，防止细菌产生抗药性。

3. 加强饲养管理

减少猪的应激。猪舍及环境定期消毒，消灭病原微生物。

七、仔猪渗出性皮炎

仔猪渗出性皮炎（EE）又称仔猪油皮病，是葡萄球菌引起的一种急性传染病。仔猪全身油脂样渗出，形成皮痂并脱落，甚至脱水死亡。

（一）病原

葡萄球菌为革兰阳性、条件致病菌，对环境的抵抗力较强，在干燥的脓汁或血液中可以存活 2 ~ 3 个月，但对消毒剂的抵抗力不强，一般的消毒剂均可杀灭。

（二）流行特点

本病一年四季均可发生，一般在猪群中呈散发性，死亡率低，发病率在 2% ~ 10% 。该病主要感染 1 ~ 5 周龄的仔猪。本病主要通过皮肤接触或间接接触污染的墙壁和用具传染。

（三）临床症状

病猪临床特征为食欲不振、脱水和皮肤有渗出物。患病仔猪皮肤排出物多呈红色或铜色。首先在猪腋部和肋部出现薄的、灰棕色、片状渗出物或结痂，3 ~ 5 天扩展到腹部、背部、耳朵等处的皮肤，很快变为富含脂质。触摸病猪皮肤温度增高，被毛粗乱，渗出物直接粘连到睫毛上。同窝仔猪发病程度不同，重症猪体重迅速减轻，在 3 ~ 10 天死亡。耐过猪皮肤出现皱褶，生长明显变慢。

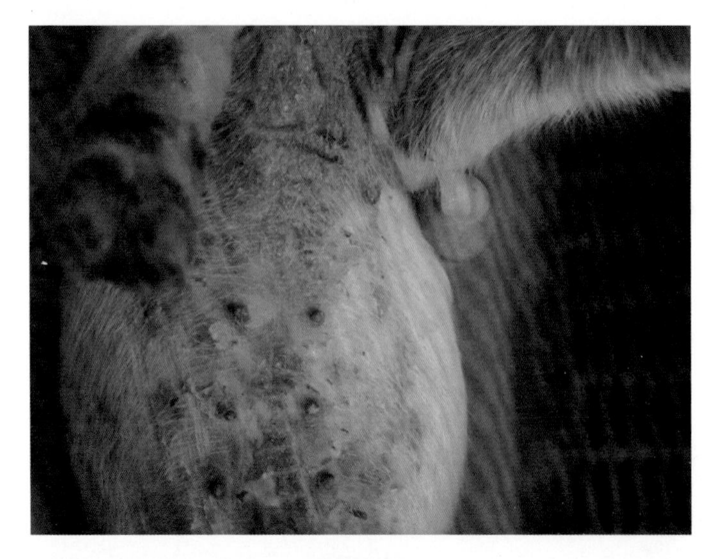

腹部结痂

背部结痂

耳朵结痂

同窝仔猪发病严重程度不一

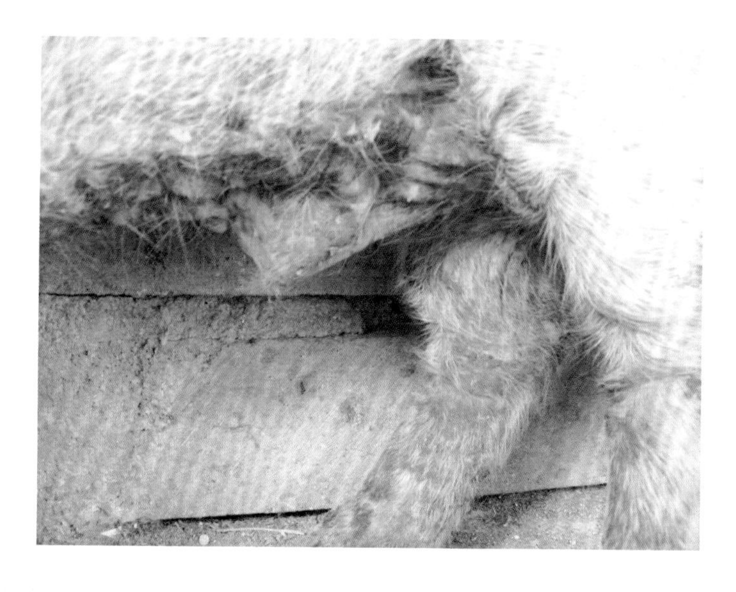

皮肤皱褶

（四）诊断

根据临床症状和病理变化可作出初步诊断，确诊必须经过实验室检测。细菌学检查：采集患病仔猪的皮肤或脏器，直接涂片后用革兰染色，镜检看到葡萄状的阳性球菌可确诊。血清学诊断：采用玻片凝集试验、免疫扩散试验或ELISA等方法检测。PCR技术可快速诊断，具有很高的灵敏度。

（五）防控措施

对猪体、圈舍、场地定期彻底消毒，杀灭病原；加强仔猪出生、断奶时的管理，合理搭配饲料，以增强抵抗力。

> **提示** 目前还没有正规疫苗生产，自制灭活菌苗预防是最好的办法。葡萄球菌容易产生耐药性，最好根据药物敏感试验指导给药。联合使用三甲氧苄二氨嘧啶、磺胺或林可霉素、壮观霉素等，治疗效果较好。

八、猪丹毒

猪丹毒是由猪丹毒杆菌引起的一种急性热性传染病。病程多为急性败血型或亚急性疹块型转为慢性关节炎，或有心内膜炎。

（一）病原

猪丹毒杆菌是一种革兰阳性菌，多呈长丝状。本菌对盐腌、烟熏、干燥、腐败和日光等抵抗力较强，对2%甲醛、1%漂白粉、1%氢氧化钠等敏感。

（二）流行特点

本病主要发生于猪，人也可以感染本病，称为类丹毒。病猪和带菌猪是主要传染源，病菌主要经消化道、损伤的皮肤及吸血昆虫传染。猪丹毒一年四季都有发生，以炎热多雨季节易流行。

（三）临床症状

1. 急性败血型

此型最为常见，病猪体温达到42～43℃，稽留不退。粪便干硬，附着黏液。呼吸增快，黏膜发绀。部分病猪皮肤潮红，继而发紫，以耳、颈、背等部位多见。病死率80%左右，不死猪转为疹块型或慢性型。

2. 亚急性疹块型

体温升高至41℃以上。皮肤表面突现红色或紫色疹块，呈方块形、菱形或圆形。

3. 慢性型

病猪表现关节炎、心内膜炎和皮肤坏死等。慢性关节炎型病猪四肢关节炎性肿胀，腿僵硬、疼痛。慢性心内膜炎型病猪消瘦，贫血，全身衰弱，呼吸急促。慢性型猪丹毒皮肤大面积淤血，有时皮肤坏死，常发生于背、颈和耳等部位。局部皮肤

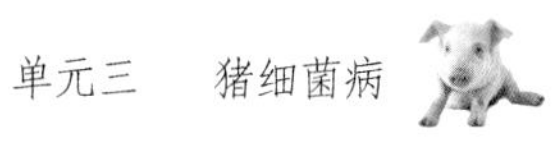

肿胀、隆起、坏死、色黑，干硬似皮革。坏死皮肤逐渐与下层新生组织分离，犹如一层甲壳。坏死区有时范围很大，可占据整个背部皮肤。

颈部、背部皮肤大面积淤血

颈部皮肤坏死

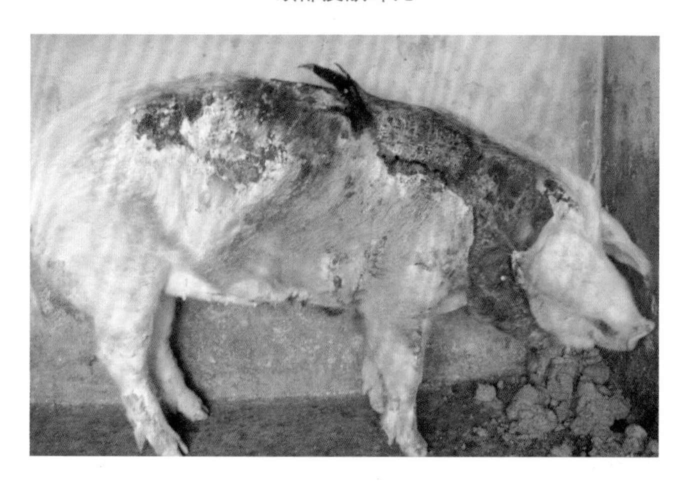

皮肤隆起、坏死、色黑

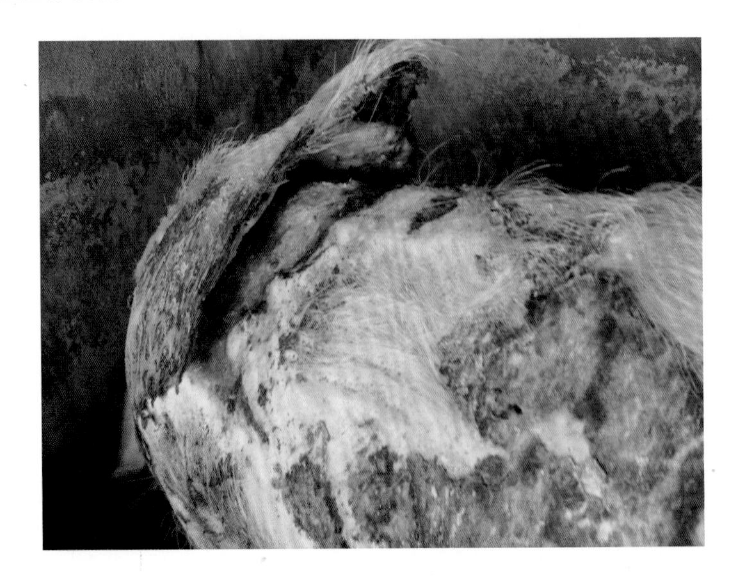

坏死皮肤与下层新生组织分离

（四）病理变化

败血型猪丹毒主要表现为急性败血症，以体表皮肤红斑为特征。全身淋巴结发红肿大，切面多汁。肺充血、水肿。脾呈樱桃红色，充血、肿大。消化道黏膜弥漫性出血。肾体积增大，呈弥漫性、暗红色。慢性关节炎型表现为关节肿胀，有大量浆液性纤维素性渗出液，黏稠或带红色。慢性心内膜炎型为溃疡性或椰菜样心内膜炎。

脾脏肿大、充血

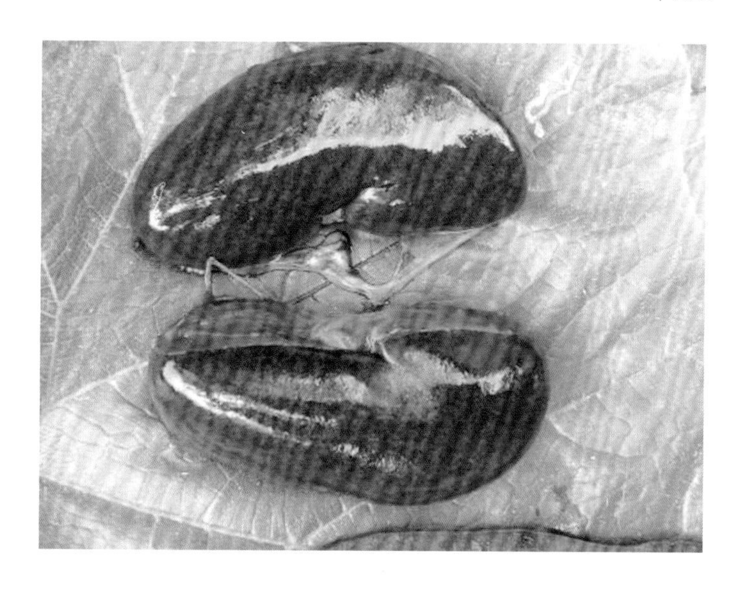

肾脏肿大，呈弥漫性、暗红色

（五）诊断

根据本病流行病学、临床症状和病理变化可作出初步诊断，确诊需进行细菌检查。

（六）防控措施

青霉素治疗本病效果非常好，土霉素和四环素也有效。在猪丹毒常发区和集约化猪场，每年春秋两季选用猪丹毒弱毒菌苗预防注射。定期消毒，保持用具、场圈的清洁卫生。

九、猪钩端螺旋体病

该病是一种人畜共患病和自然疫源性传染病。临床表现发热、黄疸、血红蛋白尿、流产、出血性素质、水肿等。

（一）病原

猪钩端螺旋体呈螺旋形、细长条状，通常两端弯曲成钩。一般消毒剂（苯酚、煤酚、乙醇、高锰酸钾等）常用浓度均能杀死本病原。

（二）流行特点

钩端螺旋体最重要的宿主是鼠类，猪、水牛、牛、鸭感染率也较高。本病原主要通过皮肤、黏膜和消化道传染，也可通过交配、人工授精和吸血昆虫叮咬传染。

各年龄猪均可发病，以仔猪多发。我国南方地区猪发病较为严重。

（三）临床特征

病猪体温升高，精神沉郁，喜卧，不愿站立。眼结膜潮红浮肿，有的泛黄。有的病猪上下颌、头部、颈部乃至全身水肿，俗称“大头瘟”。有的仔猪皮肤出血，尿液变黄、茶尿、血红蛋白尿，甚至血尿。病猪有时腹泻，病死率50%～90%。怀孕母猪感染钩端螺旋体后可发生流产。

仔猪卧地，不愿站立

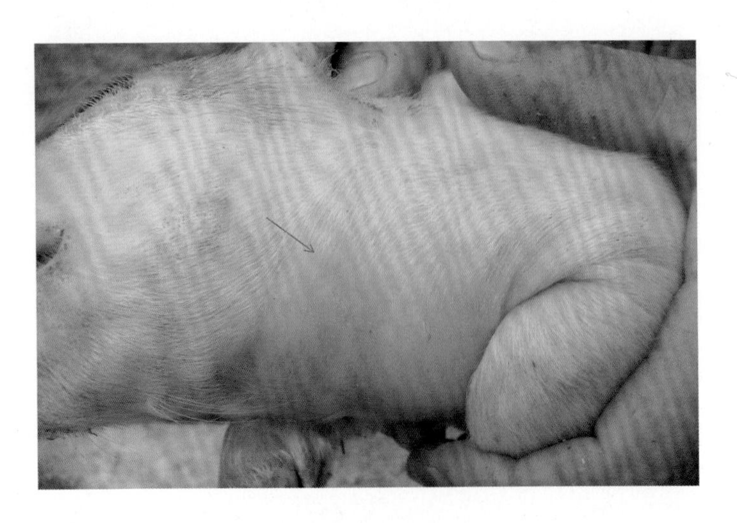

颈部增粗、水肿

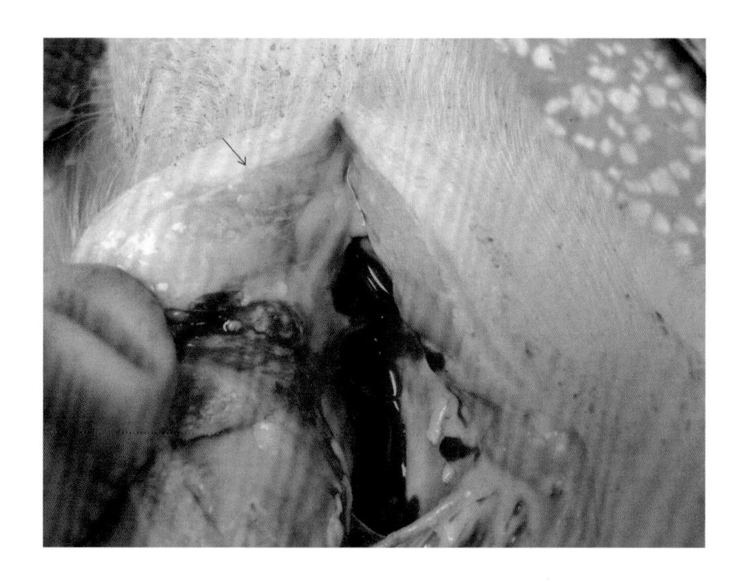

颈部皮下水肿

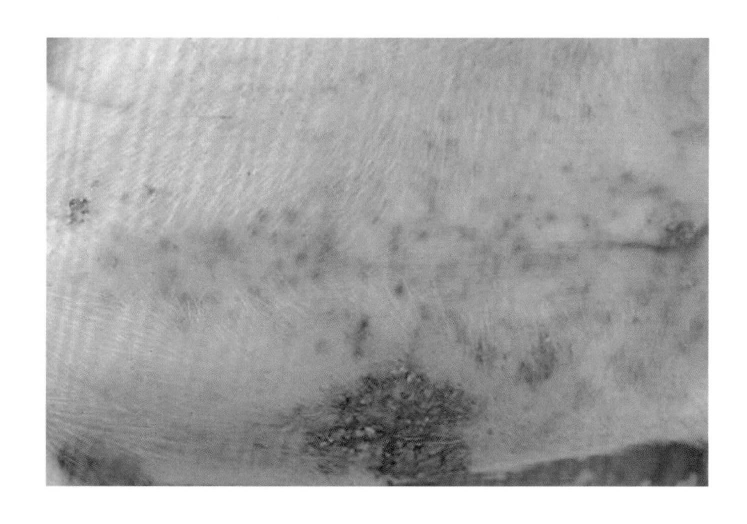

仔猪发病，皮肤有出血斑点

（四）病理变化

急性病例的眼观病变主要是黄疸、出血、血红蛋白尿，以及肝和肾不同程度的损害。有的病例在上下颌、头、颈、胃壁等部位出现水肿。慢性病例可见猪皮肤、皮下组织、浆膜、脏器有不同程度的黄疸，胆囊肿大、淤血。肾脏水肿，肾盂淤血、出血。

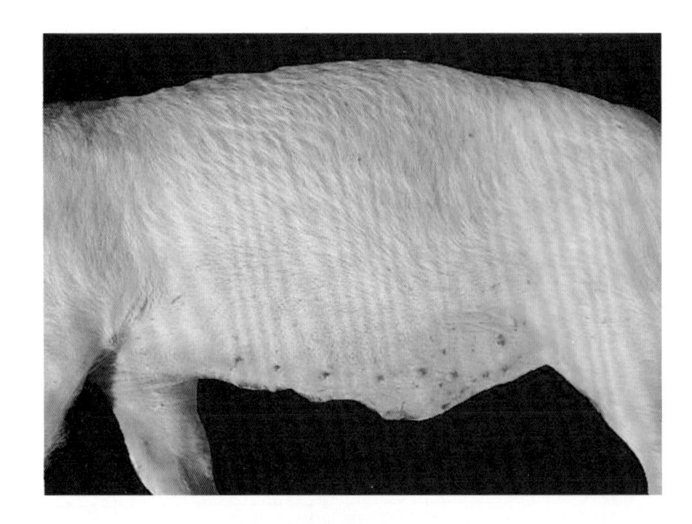

病猪全身黄染

皮下黄染

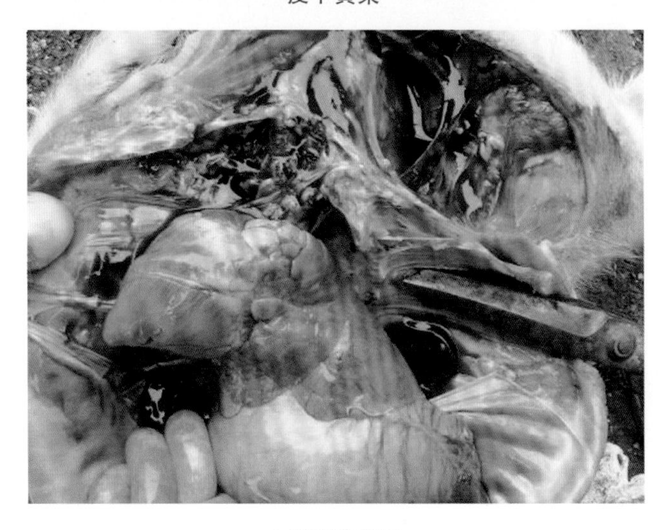

内脏器官黄染

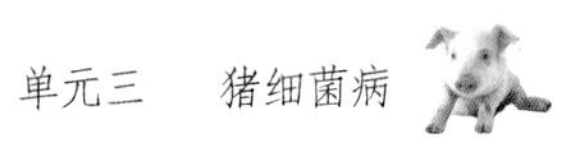

肠系膜淋巴结黄染

肾乳头、肾盂黄染

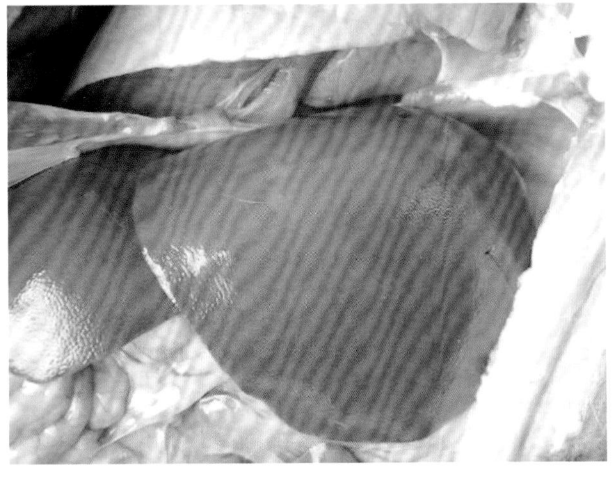

肝脏黄染

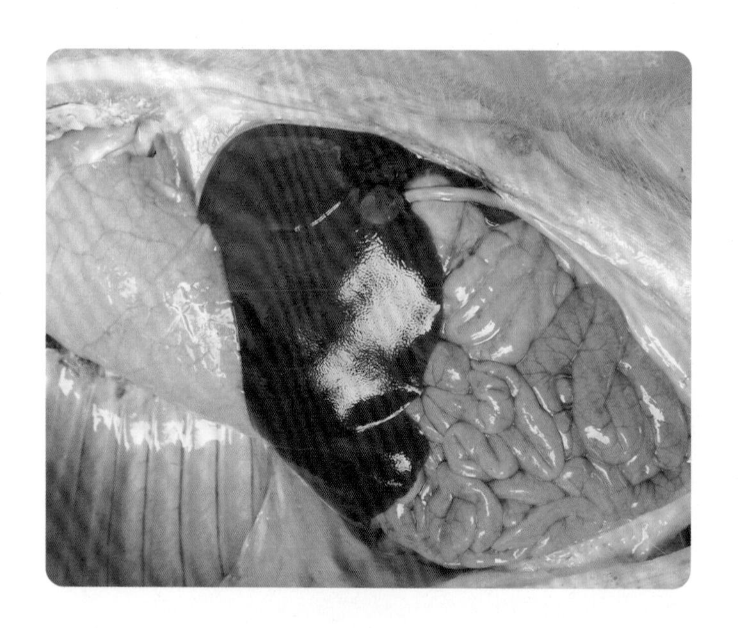

胆囊肿大

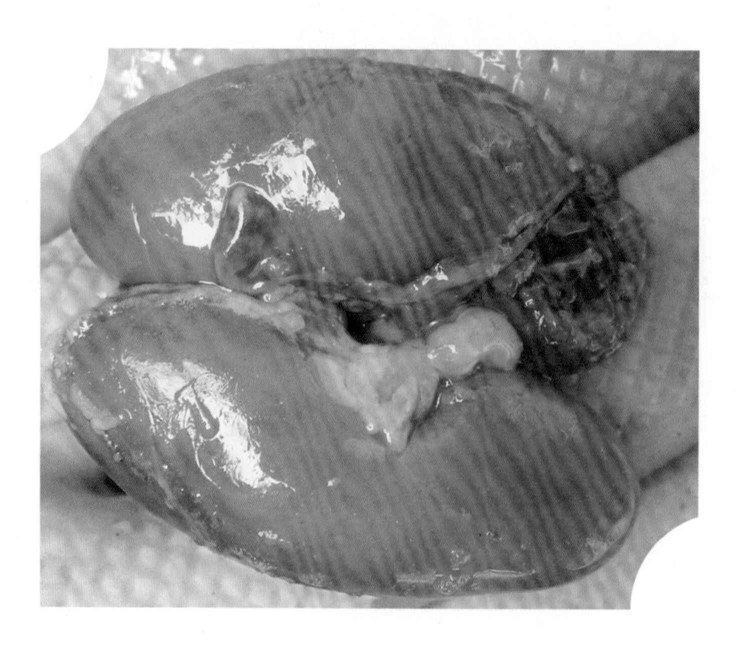

肾脏水肿

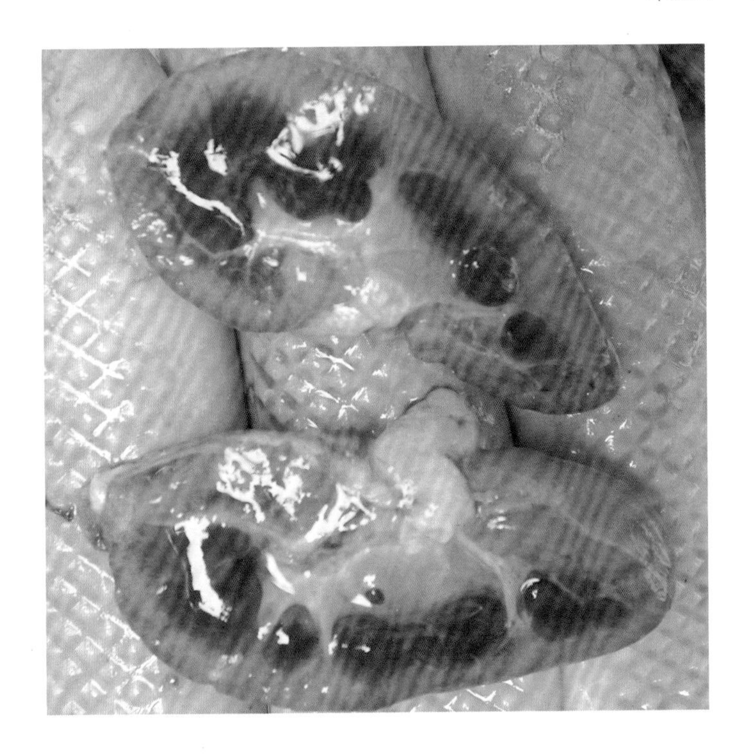

肾盂淤血、出血

（五）诊断

根据流行季节（7～10 月）和临床症状（黄疸、血红蛋白尿、水肿）等可作出初步诊断，确诊需进行微生物学检查或血清学检查。

（六）防控措施

日常做好灭鼠工作，防止水源、饲料、用具等被污染。治疗选用链霉素肌肉注射，饲料中添加氟苯尼考，同时静脉注射维生素 C、葡萄糖和强心利尿制剂，可以提高治疗效果。采用钩端螺旋体病多价苗进行预防接种，提高猪群免疫力。

十、猪附红细胞体病

猪附红细胞体病，简称猪附红体病，以贫血、黄疸、发热为主要特征。

（一）病原

猪附红体呈球形、环形或椭圆形，粘附在红细胞表面。附红细胞体对干燥和化学消毒剂抵抗力弱，一般的消毒药均能杀死病原。

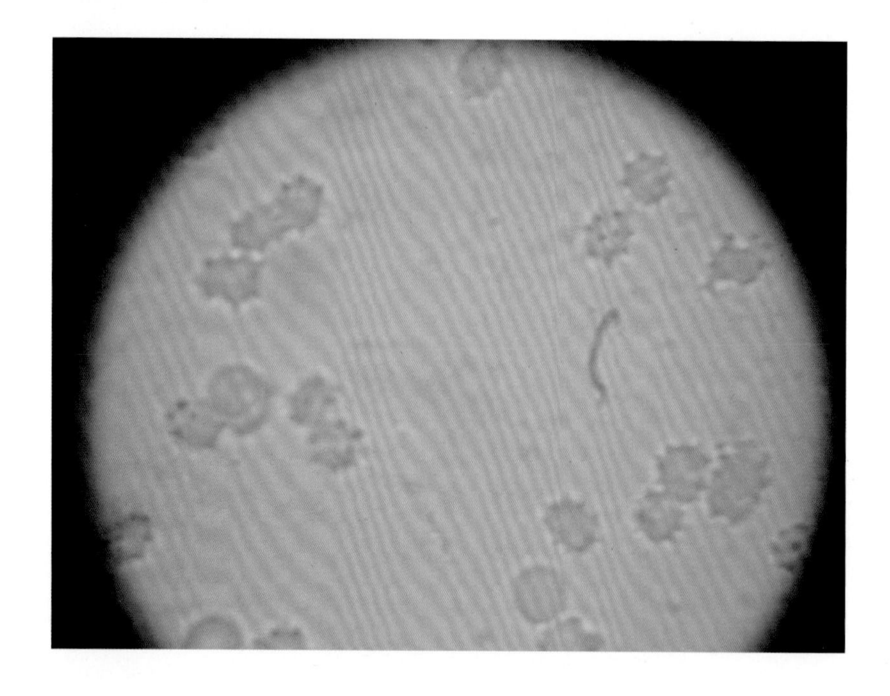

（二）流行特点

本病一年四季均可发生，在高温高湿的 7～9 月多发。不同年龄的猪均易感，通过伤口、配种或粪尿可直接传染，也可通过蚊子、疥螨、虱子等吸血昆虫传染。被污染的注射器、针头、阉割刀、剪尾钳、耳号钳等也是不容忽视。

（三）临床特征

病猪体温突然升高至 40.5～42℃，尿液淡红或呈红褐色，病初期皮肤发红，指压褪色，故称“红皮病”。病中期皮肤苍白黄染或全身黄染，腹部、颈部、背部皮肤出现暗红色出血点。眼结膜初期充血潮红，后期黄染，耳朵、眼圈皮肤充血变紫红色。部分怀孕母猪出现早产、产弱仔、流产。产房母猪分娩后，常伴有乳房和阴唇水肿，乳头发紫。

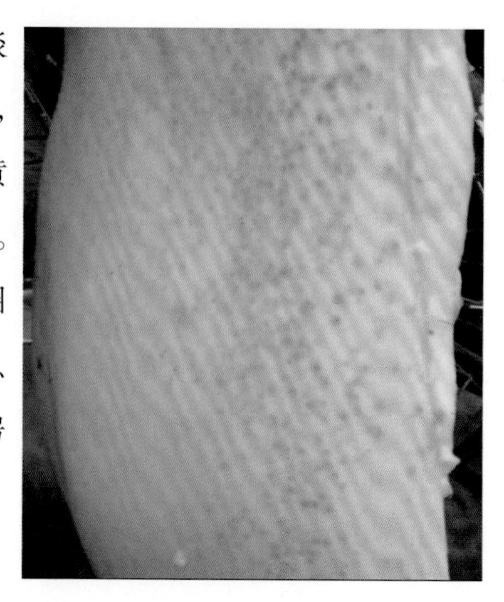

腹部皮肤毛孔出血

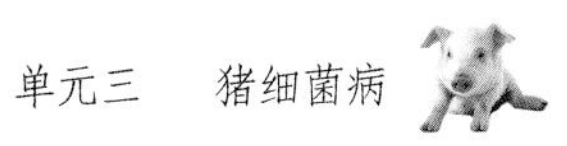

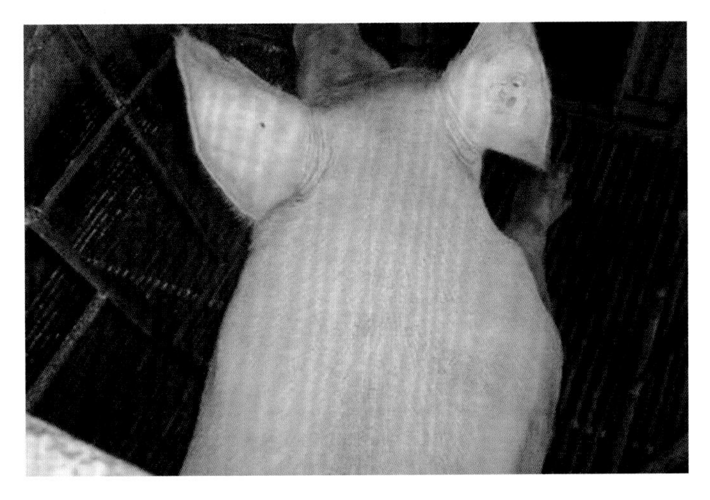

皮肤苍白黄染

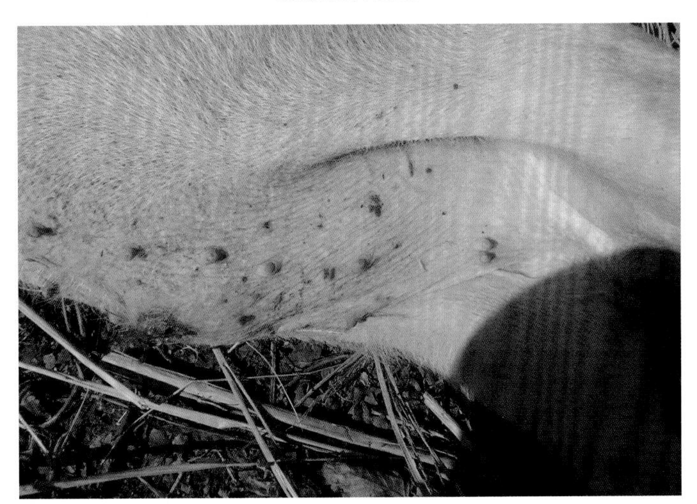

有的病猪全身黄染

颈部毛孔出血

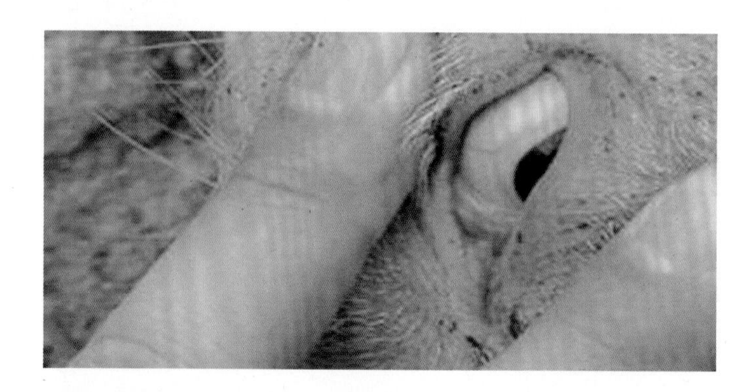

眼结膜黄染

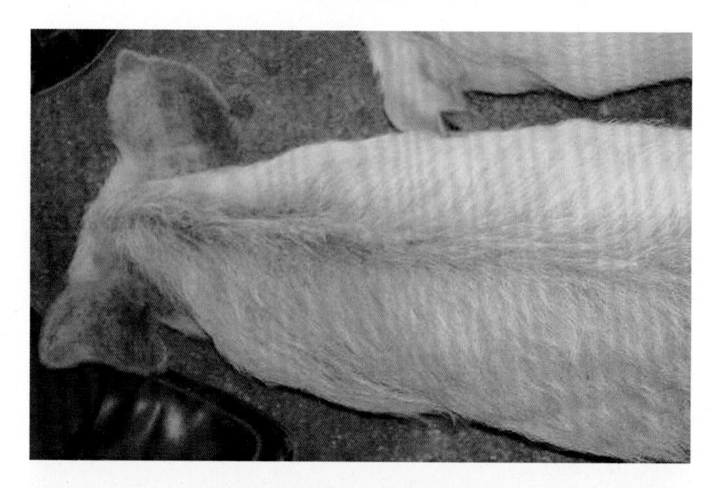

耳朵皮肤充血变紫红色

眼圈皮肤充血变紫红色

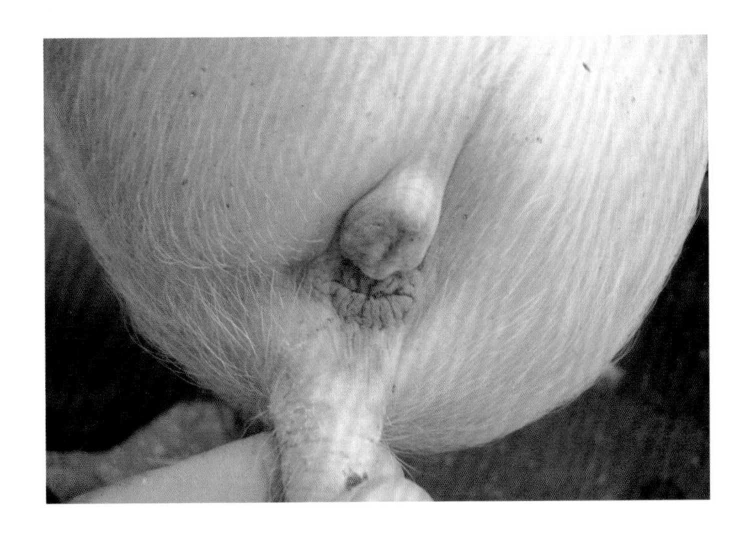

母猪肛门水肿

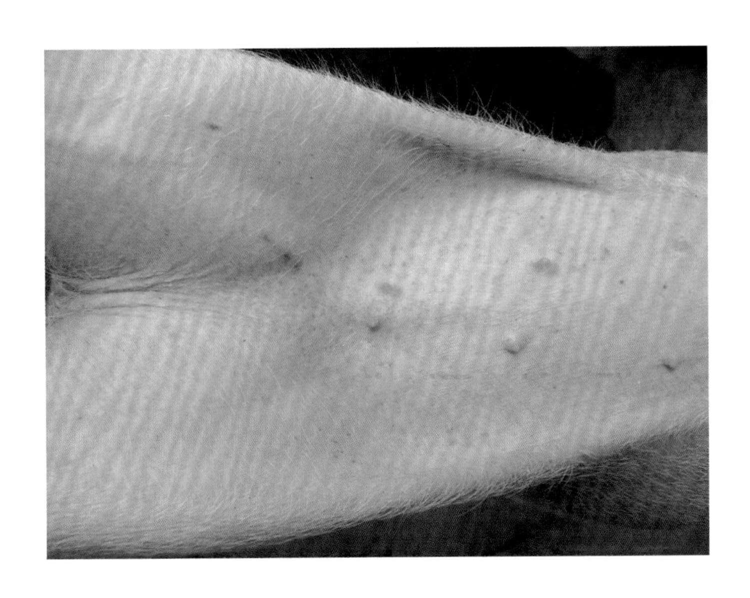

病猪乳头发紫

（四）病理变化

病猪血液稀薄呈樱桃红色，凝固性低；肝脏脂肪变性、黄染；胆汁浓稠，胆囊壁肿胀；脾脏肿大，被膜下及边缘有突起的暗红色小颗粒物；肺淤血水肿，气管内有黏稠的黄白色分泌物；肾肿大、苍白；内脏器官黄染；全身淋巴结肿大，切面外翻，轻度黄染；皮肤毛孔出血，尿液淡黄至暗红色。慢性或隐性感染猪主要表现皮肤苍白，贫血，可视黏膜淡黄染，皮肤毛孔有陈旧性褐色出血点。实验室检查可采用鲜血压片或染色镜检测附红细胞体。

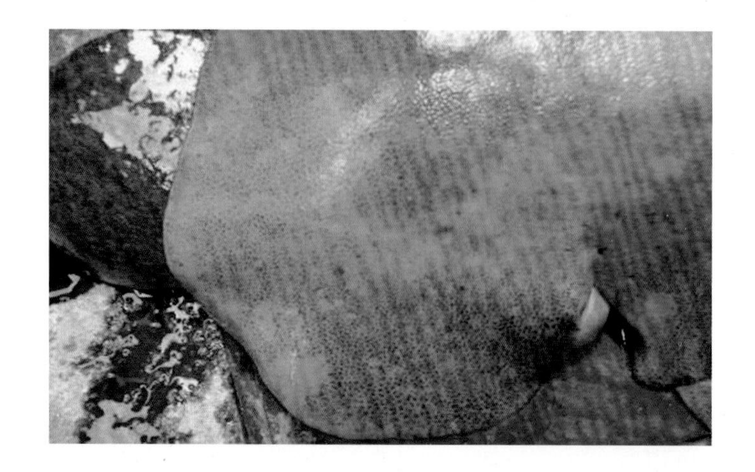

肝脏黄染

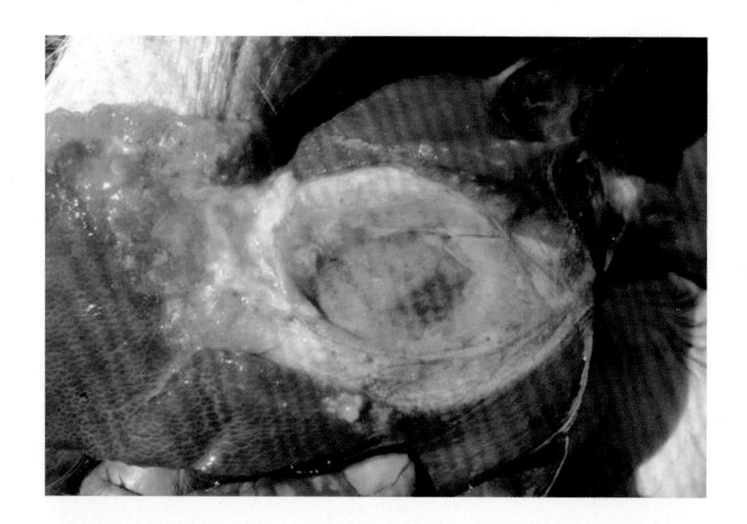

胆汁浓稠

脾脏肿大

（五）防控措施

加强饲养管理，减少应激因素，定期消毒，灭蚊、灭蝇，严格消毒注射器、针头、耳号钳等器械。预防本病，猪饲料中加入洛克沙砷、阿散酸、土霉素或强力霉素等，每次饲喂 5～7 天。病猪可肌注血虫净或静注黄色素。用附红细胞体病康复后猪的血清，有很好的治疗效果。体温超过 40.5℃ 以上的病猪，可用复方氨基比林、安乃近、安痛定等解热，同时灌注口服补液盐和 5% 碳酸氢钠溶液，纠正水、电解质失衡和酸血症。

单元四
寄生虫病

单元提示

1. 猪鞭虫病　　2. 猪弓形体病　　3. 猪蛔虫病

一、猪鞭虫病

（一）病原

猪鞭虫病是由猪鞭虫（猪毛尾线虫）引起，又称猪毛尾线虫病，具有普遍性。

（二）感染史

成虫在盲肠中产卵，卵随粪便排到外界，在适宜的温度和湿度下 3 周发育为感染性虫卵（内含感染性幼虫）。虫卵随饲料或饮水被宿主吞食，幼虫在小肠内脱壳而出，8 天后移行到盲肠和结肠并固着在肠黏膜上，经 1 个月发育为成虫。成虫的寿命为 4 ~ 5 个月。

本病主要发生于幼畜，1.5 月龄的仔猪即可检出虫卵，4 月龄的猪粪便中虫卵数和感染率均很高，14 月龄以上的猪很少感染。由于厚厚的卵壳保护，虫卵的抵抗力极强，可在土壤中存活 5 年。本病一年四季均可感染，夏季发病率最高。

（三）临床特征和病理变化

鞭虫轻度感染不显症状。严重感染时，虫体布满盲肠黏膜，引起病猪消瘦和贫血。虫体因吸血而损伤猪肠黏膜，使粪便带血和黏膜脱落，病猪出现顽固性下痢，盲肠和结肠黏膜出血、坏死、水肿、溃疡，还有类似于结节虫病的结节，结节中含有虫体或虫卵。

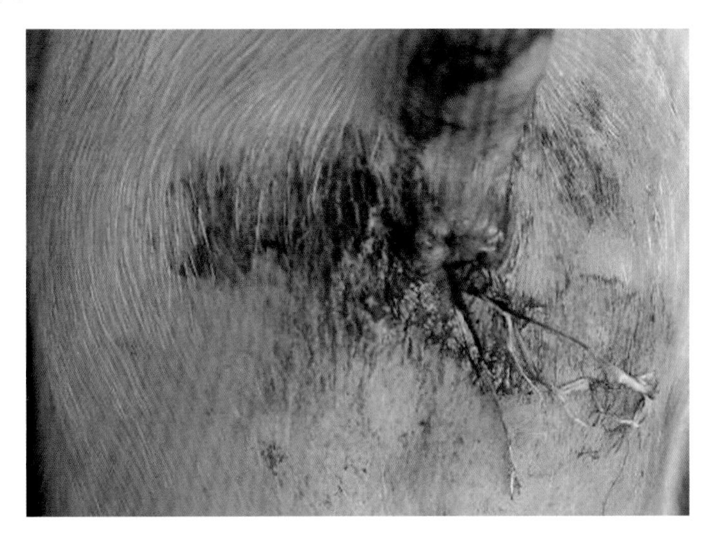

顽固性下痢

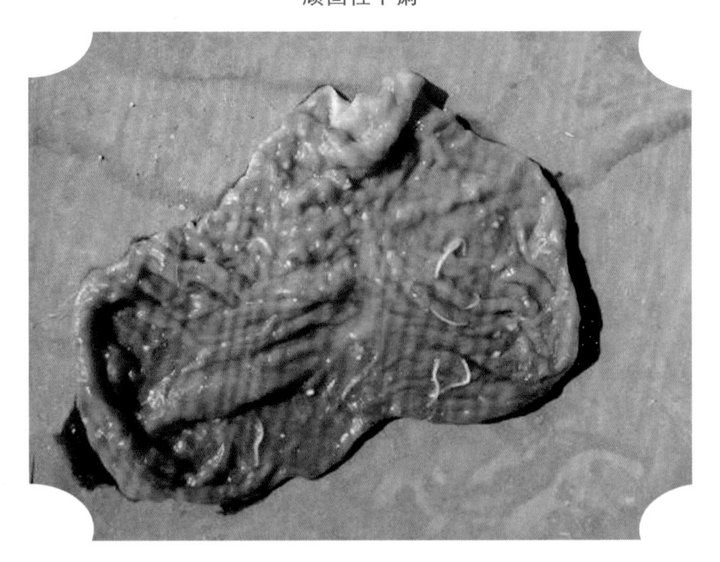

肠黏膜出血

（四）诊断

根据虫卵检测和剖检可作出诊断。

（五）防控措施

大部分驱虫药（如阿维菌素类药物、多拉菌素、苯硫咪唑等）对猪鞭虫的疗效较差。建议使用：羟嘧啶，2毫克/千克体重，混入饲料喂服；左旋咪唑，8毫克/千克体重，混饲或混饮；敌敌畏，11.2～21.6毫克/千克体重，与1/3的日料混饲。

二、猪弓形体病

猪弓形体病，又称为弓浆虫病或弓形虫病，是人畜共患的原虫病。本病以高热、呼吸及神经系统症状，猪死亡，怀孕母猪流产、死胎，胎儿畸形为主要症状。

（一）病原

弓形虫在整个发育过程中分5种类型，即滋养体、包囊、裂殖体、配子体和卵囊，其中滋养体和包囊是在中间宿主（人、猪、犬、猫等）体内形成的，裂殖体、配子体和卵囊是在终末宿主（猫）体内形成的。

（二）感染史

弓形虫是一种多宿主原虫，可感染多种动物。猪发病多见于3～4月龄，死亡率较高。病畜的脏器和分泌物、粪、尿、乳汁、血液及渗出液，尤其是随猫粪排出的卵囊，污染的饲料和饮水都是传染源。猪主要是经消化道感染。猫是最主要的传染源。本病无明显的季节性，以6～9月多发。

（三）临床症状

猪急性感染后，经3～7天的潜伏期，表现出与猪瘟极相似的症状，体温升高至40.5～42℃，稽留7～10天。病猪精神沉郁，食欲减少或废绝，喜饮水，伴有便秘或下痢；呼吸困难，常呈腹式呼吸或犬坐式呼吸；后肢麻痹，行走摇晃，喜卧；鼻镜干燥，被毛粗乱，结膜潮红。随着病程发展，猪耳、鼻、后肢内侧、下腹部皮肤出现紫红色斑或出血点；眼睑微肿，耳充血，流鼻涕，有时咳嗽。病后期猪严重呼吸困难，后躯摇晃或卧地不起，病程10～15天。

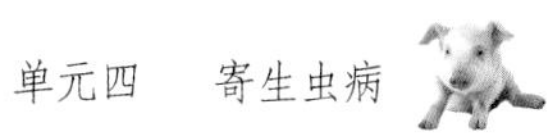

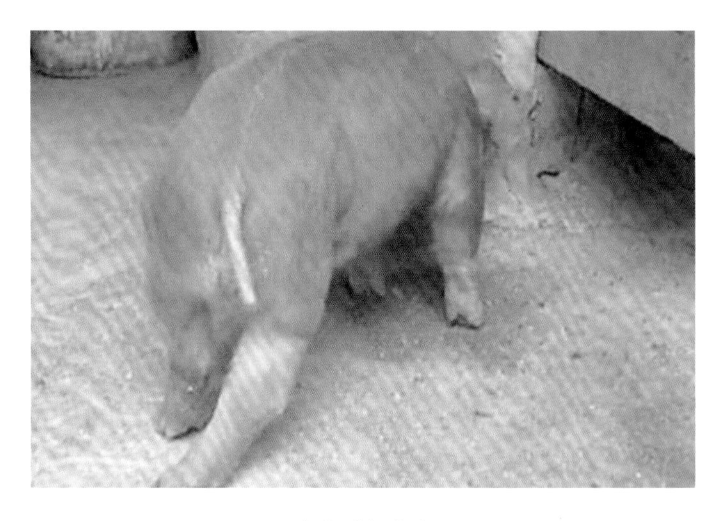

病猪后躯麻痹

眼睑微肿，耳充血，流鼻涕，有时咳嗽

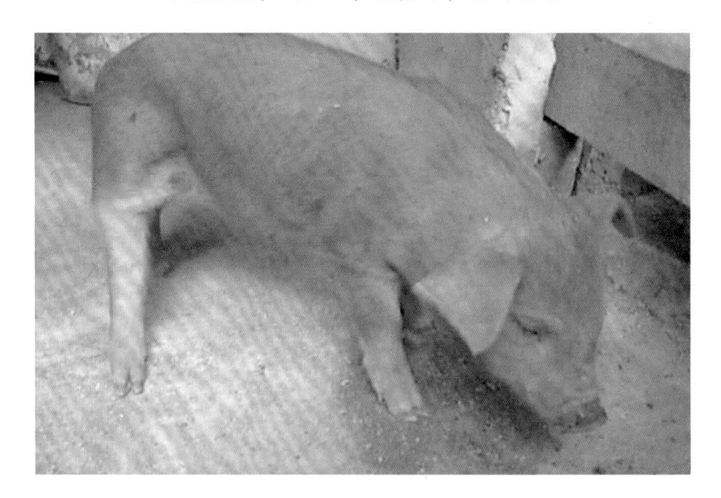

呼吸困难，可见明显的喘沟

（四）病理变化

肺呈大叶性肺炎，暗红色，间质增宽，含大量浆液而膨胀成为无气肺，切面流出大量带泡沫的浆液。全身淋巴结有大小不等的出血点和灰白色的坏死点。肝肿胀并有散在针尖至黄豆大的灰白或灰黄色坏死灶。在病早期脾脏显著肿胀，有少量出血点和坏死灶，后期萎缩。肾脏的表面和切面有针尖大出血点。肠黏膜肥厚、糜烂，从空肠至结肠有出血斑点。心包、胸腔和腹腔有积水。肝脏局灶性坏死、淤血，全身淋巴结充血、出血，并发非化脓性脑炎、肺水肿和间质性肺炎等。在肝脏坏死灶周围的肝细胞浆、肺泡上皮细胞和单核细胞、淋巴窦内皮细胞内，常见有单个或成双的弓形虫。

脾肿大，表面有黄白色坏死灶

胸腔积液。肺出血，表面有白色坏死灶

肝脏局灶性坏死、淤血

（五）诊断

根据临床症状、病理变化和流行病学特点可作出初步诊断，确诊必须在实验室中查出病原体或特异性抗体。

（六）防控措施

治疗本病磺胺类药物有效，抗生素类药物无效。预防本病最重要的是做好生物安全防护。

三、猪蛔虫病

猪蛔虫病是由猪蛔虫寄生于猪小肠引起，呈世界性流行趋势，集约化养猪场和散养猪均广泛发生。仔猪生长发育停滞，形成“僵猪”，甚至死亡。

（一）病原

猪蛔虫是寄生于猪小肠中最大的一种线虫，新鲜虫体为淡红色或淡黄色。虫卵分为受精卵和未受精卵。

（二）流行特点

猪蛔虫病流行很广，一般在饲养管理较差的猪场均有该病。3～5 月龄的仔猪最易感染猪蛔虫，常严重影响猪的生长发育，甚至死亡。病猪喜食异物。

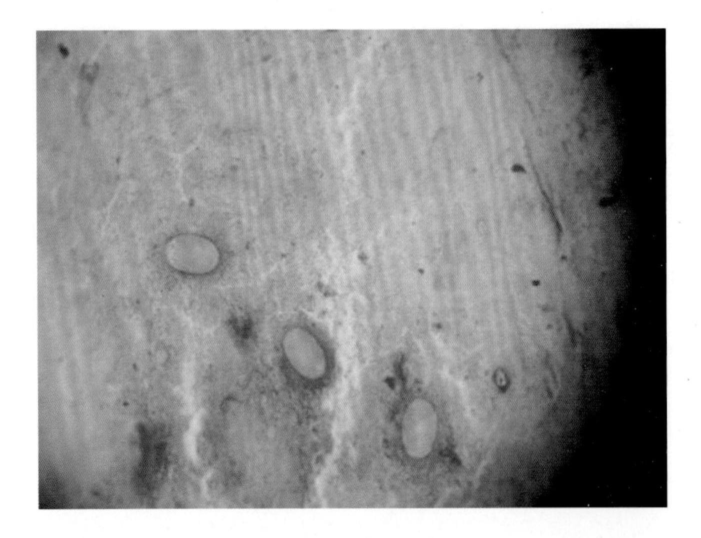

低倍镜下蛔虫虫卵

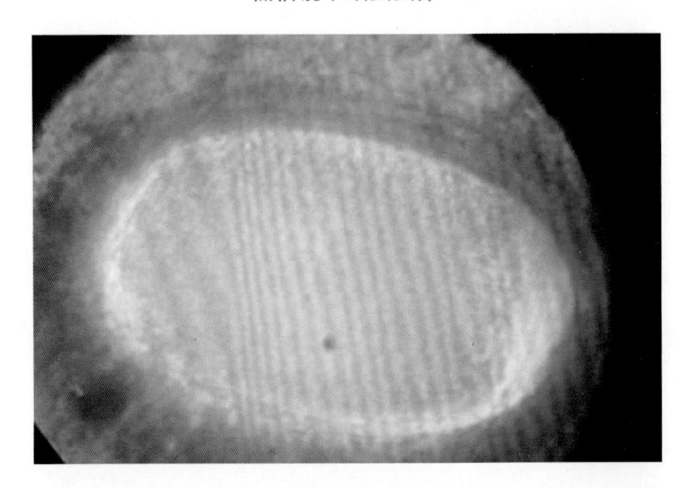

油镜下蛔虫虫卵

仔猪异嗜、死亡

（三）临床特征

猪蛔虫移行至肺时，引起蛔虫性肺炎，临诊表现为咳嗽、呼吸增快、体温升高、食欲减退和精神沉郁。病猪伏卧在地，不愿走动。幼虫移行时还引起嗜酸性粒细胞增多，表现荨麻疹和某些神经症状。

（四）病理变化

成虫寄生于小肠时机械性刺激肠黏膜，引起腹痛，剖检可见成虫。蛔虫多时常凝集成团，堵塞肠道，导致肠破裂。有时蛔虫可进入胆管，阻塞胆管，引起黄疸等。幼虫移行至肝脏时，肝组织出血、变性和坏死，形成云雾状的蛔虫斑（直径约 1 厘米）。成虫能分泌毒素，作用于中枢神经和血管，引起一系列神经症状。成虫夺取宿主大量的营养，使仔猪发育不良、生长受阻、被毛粗乱，形成“僵猪”，严重者死亡。

蛔虫成虫

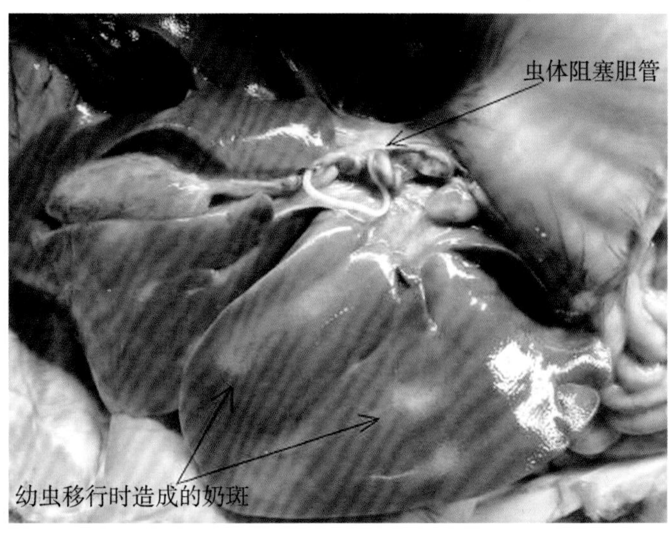

幼虫在肝脏移行留下的奶斑，虫体阻塞胆管

（五）诊断

对 2 月龄以上仔猪，可用饱和盐水漂浮法检查虫卵。正常的受精卵为短椭圆形，黄褐色，卵壳内有一个受精的卵细胞，两端有半月形空隙。卵壳表面有起伏不平的蛋白质膜，通常比较整齐。有时粪便中可见到未受精卵，偏长，蛋白质膜常不整齐，卵壳内充满颗粒，两端无空隙。

（六）防控措施

用氟苯咪唑、阿维菌素、伊维菌素等驱虫，均有很好的效果。首先要对全群猪驱虫；以后公猪定期每年驱虫 2 次，母猪产前 1 ~ 2 周驱虫 1 次，仔猪转入新圈时驱虫 1 次。母猪转入产房前要用肥皂清洗全身，同时保持猪舍、饲料和饮水的清洁卫生。

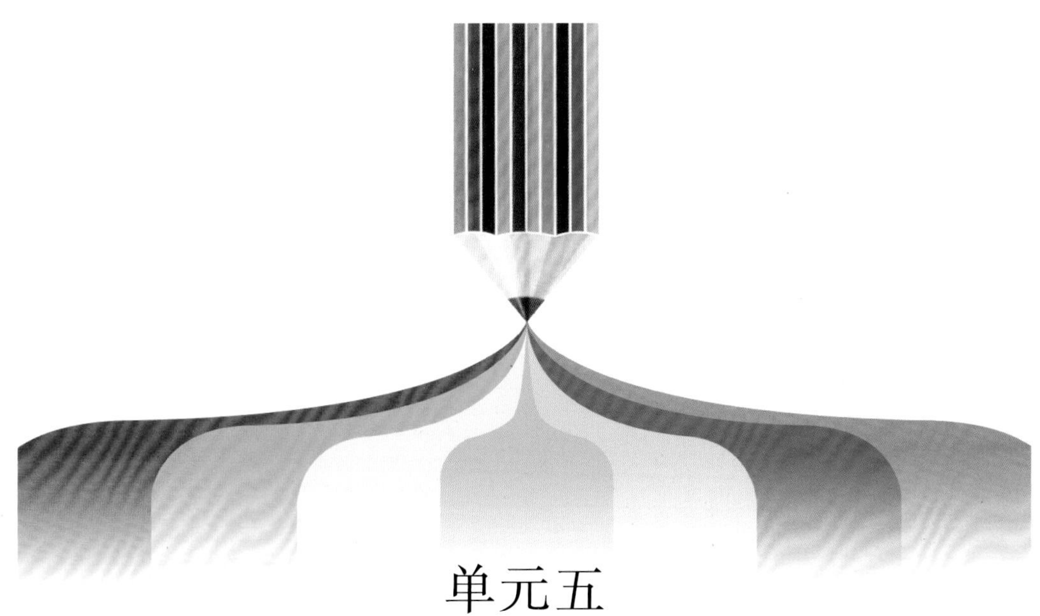

单元五
其他猪病

单元提示

1. 白肌病　2. 低血糖　3. 佝偻病　4. 赤霉菌素中毒　5. 铁中毒

一、白肌病

本病是由于饲料中硒含量不足或维生素 E 缺乏所致，以病猪生长迟缓、运动障碍、消化紊乱、肌肉变性等为症状的营养代谢障碍性综合征。

（一）流行特点

白肌病是一种急性非传染性疾病，多发生在 20 日龄以后的仔猪，成年猪很少发病，每年 3 ~ 4 月多发。猪突然发病和死亡，发病猪、死亡猪的骨骼肌（主要是后肢肌肉和臀部肌肉）和心肌发生变性，甚至坏死，像煮过的肉一样，呈灰红色。

肌肉苍白，似煮肉状

（二）临床特征

患病仔猪突然精神沉郁，食欲减少或废绝，呼吸困难，心脏衰竭而死；病程长者后肢僵硬，拱背，行走摇晃，肌肉发抖。

病死仔猪

（三）病理变化

剖检可见心肌切面粗糙，呈灰白色条纹状；心包积液，心肌色淡、坏死。肝脏肿大、质脆易碎，有出血和坏死。

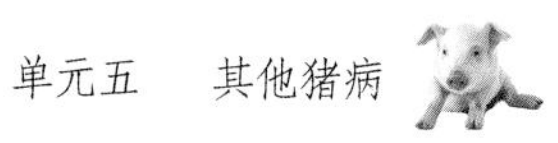

心肌切面粗糙，有灰白色坏死条纹

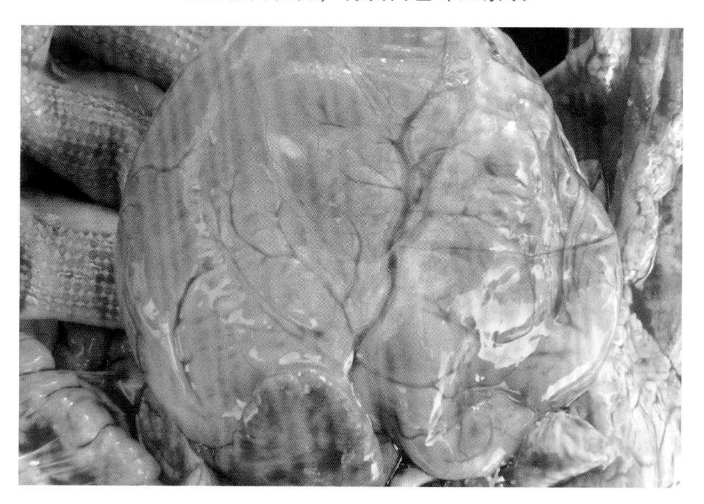

心包积液，心肌色淡

心肌坏死

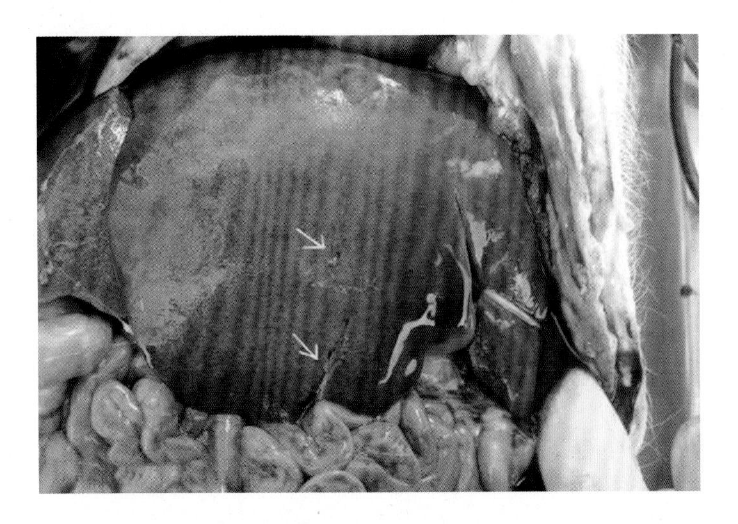

肝脏肿大、质脆易碎

肝切面出血和坏死

（四）防控措施

加强饲养管理，饲料要多样化，对怀孕母猪给予足够的青绿饲料。冬季给予含丰富维生素A、维生素E的饲料，如胡萝卜、黄玉米、豆类等。发病的猪场，怀孕母猪在临产前半个月给予亚硒酸钠10毫克，混入饲料喂服，产后再给1次。给怀孕母猪配合注射或喂鱼肝油更好。在山区、半山区、沙土地和沼泽地区，应设法由外地调换饲料，搭配饲喂；或在日粮中混入亚硒酸钠5～10毫克饲喂。变质酸败的玉米、豆类等饲料不要喂猪。

二、低血糖

仔猪出生后7天内，血糖主要来源于母乳和胚胎期贮存的肝糖元分解。如仔猪吮乳不足，加上出生仔猪活动量增加，体内耗糖量增多，血糖急剧下降。当血糖低于50毫克/100毫升时，便会影响仔猪脑组织的机能活动，出现一系列神经症状，严重时死亡。

（一）临床症状

一般仔猪出生后第2天突然发病，迟的3~5天才出现症状。仔猪初期精神不振，四肢软弱无力、肌肉震颤，步态不稳、摇摇晃晃；不愿吮乳，离群伏卧或钻入垫草，呈嗜睡状；皮肤发冷苍白，体温低。后期卧地不起，被毛蓬乱无光泽，粪便、尿液呈黄色；体表感觉迟钝或消失，用针刺除耳部和蹄部稍有反射外，其他部位无痛感。多出现神经症状，如痉挛或惊厥，角弓反张或四肢呈游泳样划动，瞳孔散大，流涎，肌肉颤抖，眼球震颤。感觉迟钝或完全丧失，心跳缓慢，体温下降到36~37℃，皮肤厥冷。两眼半闭，瞳孔散大，口流白沫，并发出尖叫声。病猪对外界刺激开始敏感，失去知觉，最终陷于昏迷状态，衰竭死亡。部分仔猪出现腹泻。

病仔猪角弓反张，瞳孔散大

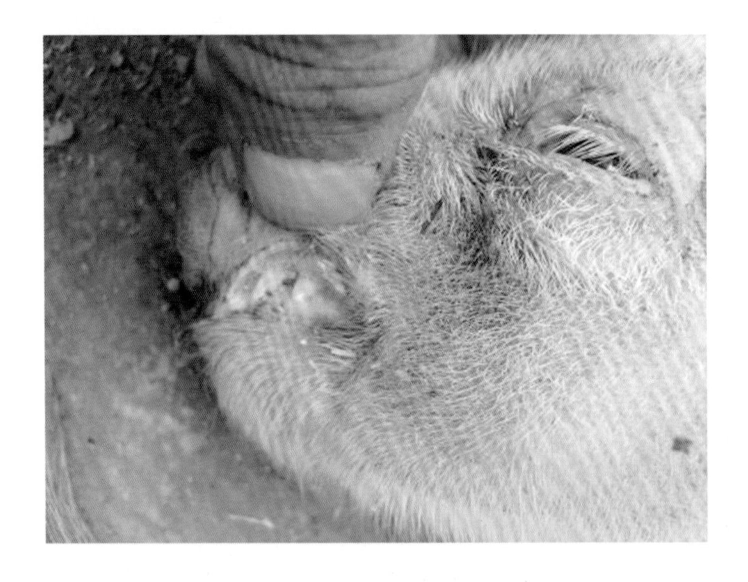

口流涎且黏稠

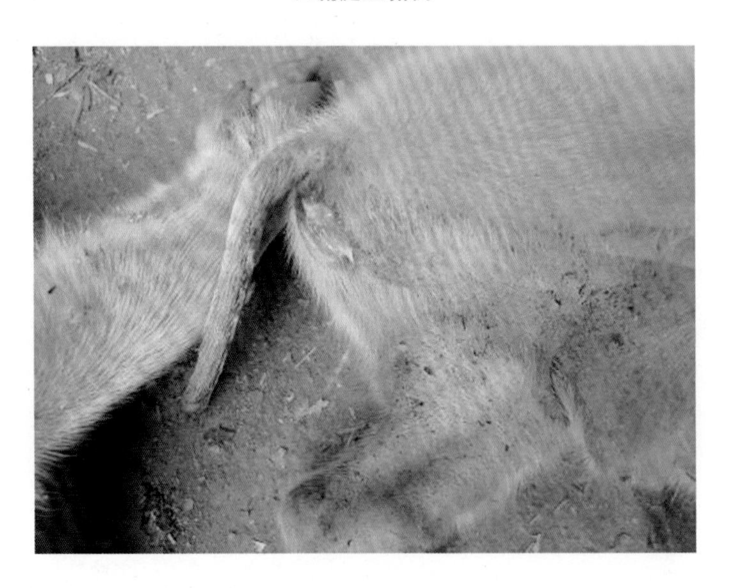

仔猪腹泻

（二）病理变化

死猪尸僵不全，皮肤干燥无弹性。尸体下侧、腭凹、颈下、胸腹下及后肢有不同程度的水肿，其液体透明无色；血液凝固不良，稀薄而色淡。胃内无内容物，也未见白色凝乳块。肾脏呈淡土黄色，表面有散在、针尖大小的出血点，肾切面髓质暗红色且与皮质界限清楚。肝脏呈橘黄色，表面有小出血点；内叶腹面出现土黄色坏死灶，边缘锐薄，质地如豆腐，稍碰即破。

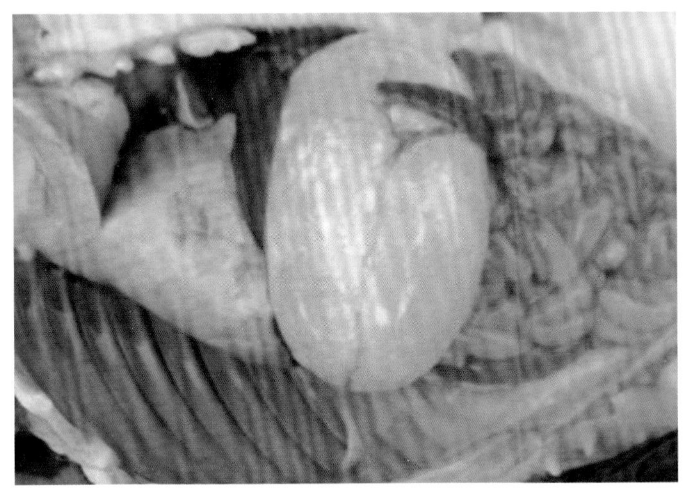
胃空虚

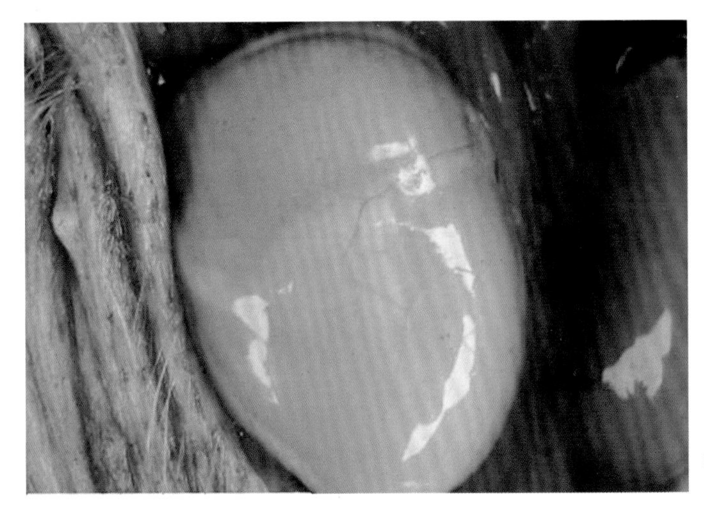
肾土黄色，表面有出血点

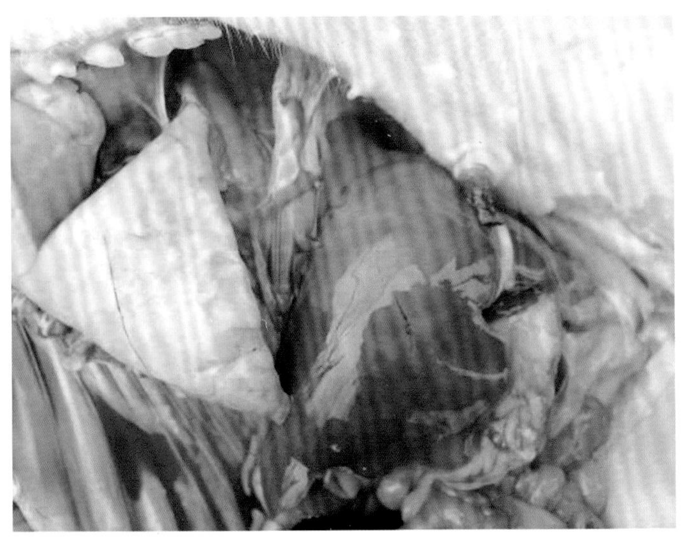
肝脏橘黄色，边缘薄

（三）防控措施

仔猪出现神经和心脏症状。病初期步态不稳，心音频数，呈现阵发性神经症状，发抖、抽动。病后期四肢无力，呈昏睡状态，心跳变弱而慢，体温低，血糖浓度下降到5～50毫克/100毫升（正常值为90毫克/100毫升）。血液的非蛋白氮及尿素氮明显升高。病猪腹腔注射5%～20%葡萄糖注射液10～20毫升，疗效明显。

加强母猪的饲养管理，以便分娩后能为仔猪提供充足的营养，注意初生仔猪的防寒保暖。固定乳头，早吃、吃足初乳。对发病的仔猪要及时救治，以补糖为主，辅以可的松制剂，促进糖原异生。

三、佝偻病

佝偻病是仔猪由于维生素D及钙、磷缺乏所致的一种骨营养不良性代谢病，特征是生长骨的钙化不足，并伴有持久性软骨肥大与骨骺增大。

（一）临床特征

病仔猪食欲减退，消化不良，发生异嗜癖；发育停滞，消瘦；出牙期延长，齿形不规则，齿质钙化不足；面骨、躯干骨和四肢骨变形，站立困难，四肢呈X形或O形，肋骨与肋软骨接合处呈串珠状，贫血。仔猪腕部弯曲，以腕关节爬行，后肢则以跗关节着地。病期延长则骨骼软化、变形，硬腭肿胀、突出，口腔不能闭合，影响采食、咀嚼。病猪行动迟缓，发育停滞，逐渐消瘦。病猪喜卧，不愿站立和走动，强迫站立时拱背、屈腿，痛苦呻吟。肋骨与肋软骨结合部肿大呈球状，肋骨平直，胸骨突出，长肢骨弯曲，呈弧形或外展呈X形。

（二）病因和诊断

猪佝偻病多见于仔猪，日粮中维生素缺乏或不足，钙、磷比例不当，光照和户外活动不足，生长迟缓、异嗜癖、运动困难，以及牙齿和骨骼变化为主要病因，依此可作出诊断。必要时结合血液学检查、X线检查、饲料成分分析等。

四肢呈 X 形或 O 形

腕部弯曲，以腕关节爬行

（三）防控措施

给哺乳母猪补充维生素 D，确保冬季猪舍有日光照射和足够的青干草。饲料中补加鱼肝油或经紫外线照射过的酵母，饲喂配合饲料，补充骨粉、鱼粉、磷酸钙，以平衡钙磷比例。注射或口服碳酸钙、磷酸钙、乳酸钙，也可静脉注射 10% 葡萄糖酸钙（50 ~ 100 毫克/千克体重）。肌肉注射维丁胶性钙，配合维生素 D 疗效较好。

四、赤霉菌素中毒

本病以病猪阴户肿胀、流产、乳房肿大、过早发情等雌激素综合征为临床特征。

（一）病原

本病病原为玉米赤霉烯酮，由禾谷镰刀菌、粉红镰刀菌、木贼镰刀菌等产生。

（二）临床症状

猪中毒时首先表现厌食和呕吐，继而出现阴道黏膜充血、肿胀、出血，外阴部异常肿大，阴户张开，有时排尿困难。母猪乳腺肿大，乳头潮红，哺乳母猪乳汁减少，甚至无乳。严重病例阴道脱出率高达40%，子宫脱出率为5%～10%。青春前期母猪出现发情征兆或周期延长。半数母猪第一次受精不易受胎，即使怀孕，也常发生早产、流产、胎儿吸收、死胎或弱胎等。公猪或去势公猪中毒时表现雌性化，如乳腺肿大、睾丸萎缩、性欲减退等。

外阴异常肿大

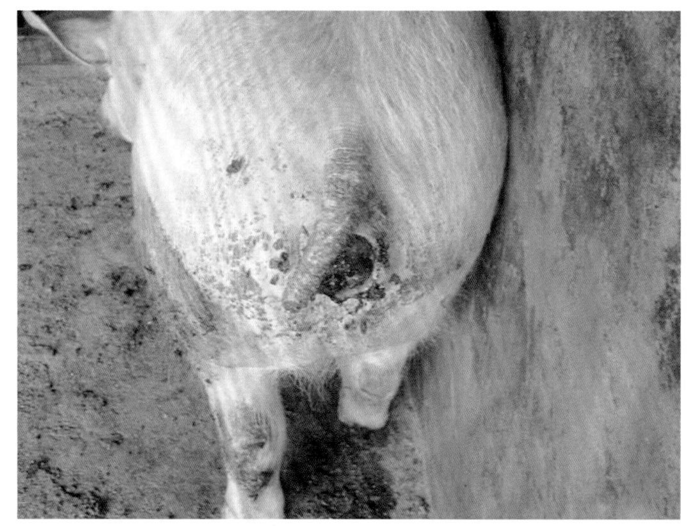
肛门脱出

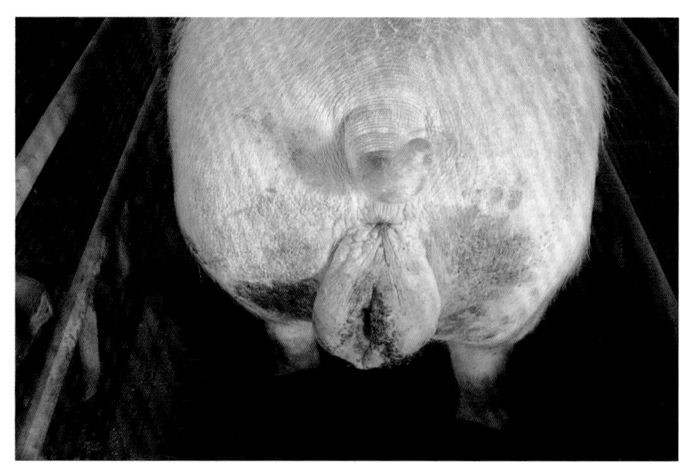
子宫脱出

（三）病理变化

主要病理变化在生殖器官，如阴唇、乳头肿大，乳腺间质性水肿。阴道黏膜水肿、坏死和上皮脱落。子宫颈上皮细胞增生，出现鳞状细胞变性。子宫壁肌层高度增厚，各层明显水肿和细胞浸润。子宫角增大和子宫内膜发炎。卵巢发育不全，常出现无黄体卵泡，卵母细胞变性，部分卵巢萎缩。公猪睾丸萎缩。

（四）诊断

根据病原、临床症状、病理变化及饲料中 F-2 毒素检测，进行综合诊断。确诊尚需对饲料样品进行产毒真菌的培养、分离和鉴定以及生物学实验。

（五）防控措施

预防本病，要防止饲料发霉、受潮、发热。饲料贮藏期间要勤翻晒、通风，含水量不超过 10% ~13% 。

提示 猪一旦出现中毒症状，立即停喂霉变饲料，改喂多汁青绿饲料。一般7～15天后中毒症状可逐渐消失，不需药物治疗。

五、铁中毒

本病主要是仔猪右旋糖酐铁或硫酸亚铁使用过多所致，并不多见。

（一）临床症状

病猪表现精神沉郁，食欲减少，呕吐，喜欢卧地，不愿走动，有的后躯不能站立；体温38～40℃，眼结膜轻度黄染，粪便稀软黑色，尿液黄色，呼吸急促，心跳加快。病猪注射铁制剂的部位肿胀、发硬，皮肤变暗红色，触摸无热痛感。

（二）病理变化

剖检可见内脏器官出血，注射部位皮下呈浅黄褐色，骨骼肌呈黄白色或灰白色“鱼肉样”病变。心肌片状出血，呈淡黄褐色，心内膜出血。肝脏肿大，表面粗糙，质脆易碎而出血。同时各器官充血和水肿，肠黏膜有出血点或出血斑；脾脏淤血，肾脏和机体淋巴结呈黑紫色，稍肿大。

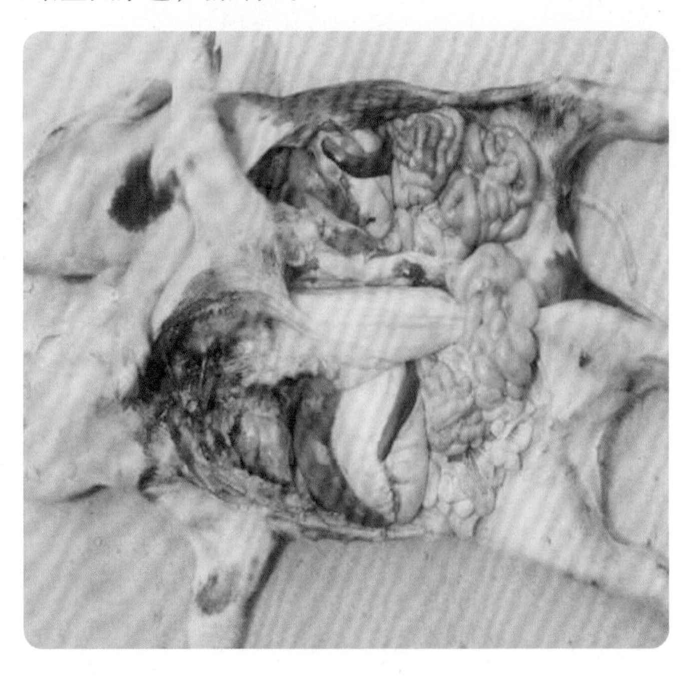

内脏器官出血

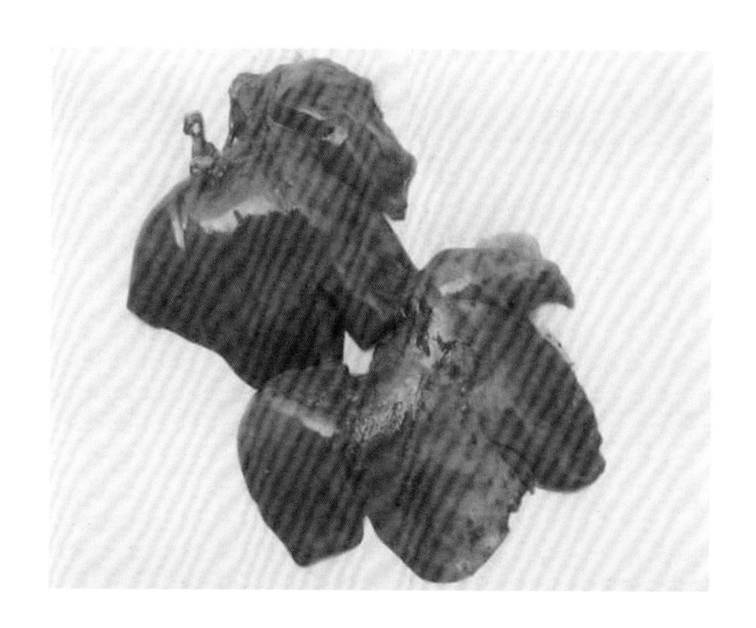

肝脏破裂出血

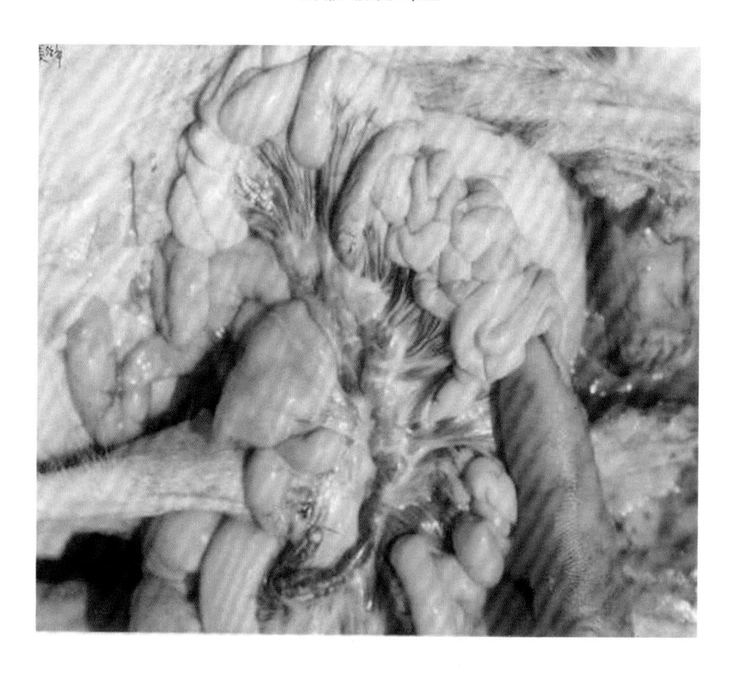

肠黏膜出血点或出血斑

肾脏黑紫色

（三）诊断

根据病史、临床症状和病理变化即可作出初步诊断，确诊需进行饲料和血清铁含量测定。

（四）防控措施

预防本病的关键是在饲料中添加铁制剂时，要严格执行饲料营养标准，防止过量并混合均匀。临床上使用铁制剂时，要严格掌握剂量，尽量短程、小剂量治疗。此外，使用铁制剂时要结合多补充维生素 C。

猪发病初期催吐、洗胃，阻止胃肠道对铁进一步吸收。内服催吐剂，或用 1% 碳酸氢钠溶液洗胃，或灌服鸡蛋清、牛奶、植酸等，加速体内铁的排泄和降低血铁含量。

> 提示　选用 EDTA、N-羟基乙二胺三醋酸、N，N-二羟基乙甘氨酸等，这些药物能与铁络合，很快从肾脏排泄。注意补液、强心、利尿，调整酸碱平衡，防止休克等。